广东珍稀濒危植物的保护与研究

Conservation and Study of Rare and Endangered Plants in Guangdong Province

任 海 张倩媚 王瑞江 主编

中国林业出版社

图书在版编目（CIP）数据

广东珍稀濒危植物的保护与研究 / 任海等主编 . —北京：中国林业
出版社，2016. 10

ISBN 978-7-5038-8657-7

Ⅰ . ①广…　Ⅱ . ①任…　Ⅲ . ①濒危植物—植物保护—研究—广东

Ⅳ . ①Q948.526.5

中国版本图书馆CIP数据核字（2016）第199395号

内容简介

本书用精美的植物图片，以文附图的方式，对广东省珍稀濒危植物的保护与研究进展进行了梳理和描述。内容分为三部分，第一部分为广东省分布的国家级珍稀濒危植物，对收录的种类进行了形态特征、地理分布、生态与生境、致濒危原因与繁殖方式、保护价值与保护现状的详细介绍；第二部分为广东省分布的其他珍稀濒危植物，主要介绍了其形态特征、分布及现状。第三部分为中国科学院华南植物园引种的珍稀濒危植物名录。

本书可供从事植物保护事业的科研、行政、执法人员、高等院校和中小学的师生以及野生植物爱好者参考使用。

广东珍稀濒危植物的保护与研究　　　　　　　　　　　　任海　张倩媚　王瑞江 主编

出版发行： 中国林业出版社（中国·北京）

地　　址： 北京市西城区德胜门内大街刘海胡同7号

策划编辑： 王　斌

责任编辑： 刘开运　李春艳　吴文静　　　**装帧设计：** 广州百彤文化传播有限公司

印　　刷： 北京雅昌艺术印刷有限公司

开　　本： 787 mm×1092 mm　1/16

印　　张： 11

字　　数： 220千字

版　　次： 2016年10月第1版　第1次印刷

定　　价： 148.00元（USD 29.99）

编委会

C目录
Contents

概论 Introduction

第一部分　广东省分布的国家级珍稀濒危植物
Chapter 1　The Rare and Endangered Plants at National Red List in Guangdong

第二部分　广东省分布的其他珍稀濒危植物
Chapter 2　The Other Rare and Endangered Plants in Guangdong

第三部分　中国科学院华南植物园珍稀濒危植物引种名录

Chapter 3　Checklist of Rare and Endangered Plants at South China Botanical Garden, Chinese Academy of Sciences

第三部分　中国科学院华南植物园珍稀濒危植物引种名录

Chapter 3　Checklist of Rare and Endangered Plants at South China Botanical Garden, Chinese Academy of Sciences

I 概 论
ntroduction

　　植物是陆地生态系统的主体和人类生存的基础。植物物种的灭绝本来是自然界中一种正常的生命现象，但由于人类活动对自然环境造成了严重破坏和干扰，尤其是对植物资源的不合理利用和消耗，使植物物种的灭绝速度远高于自然灭绝速度，再加上全球变化的影响，全球植物种类正以空前的速度消失（任海，2006）。据国际自然保护联盟（IUCN）物种保护监测中心估计，目前世界上已知的30多万种高等植物中，已有2万种处于濒危状态。中国3万多种高等植物，近50年来约有200种植物已经灭绝，高等植物中濒危和受威胁的种类达4000～5000种。中国野生植物主要面临着分布区域萎缩、生境恶化、资源锐减、部分物种濒危程度加剧等问题（黄宏文等，2012）。

　　据统计，中国列入《濒危野生动植物种国际贸易公约》（1973）附录的野生植物种有1374种；1984年国家环境保护委员会公布了《中国珍稀濒危保护植物名录（第一批）》354种，1987年出版前增补为389种；1992年出版的《中国植物红皮书——稀有濒危植物（第一册）》中收录珍稀濒危植物388种（包括变种），其中濒危种类121种，稀有种类110种，渐危种类157种；1999年颁布的《国家重点保护野生植物名录（第一批）》共列入246种和8类；2011年发布的《全国极小种群野生植物拯救保护工程规划（2011—2015）》中确定的种类为120种；2013年出版的《中国珍稀濒危植物图鉴》共收录360个分类群或种（国家林业局野生动植物保护与自然保护区管理司等，2013）。

　　作为植物资源大国和1992年的《生物多样性公约》缔约国，中国于2002年加入《全球植物保护战略》，2008年发布了《中国植物保护战略》。并提出了16个目标：中国本土植物物种的调查与编目；植物保护状况的评估；植物保护和可持续利用应用模式的研究与发掘；重要生态地区的保护；植物多样性关键地区的保护；在至少30%的农耕区推介植物多样性保护的原理与方法；中国受威胁及濒危物种的就地保护；受威胁及濒危物种的迁地保护及恢复计划；加强重要社会—经济作物的遗传多样性的综合保育，维持民间的传统利用作物遗传多样性的知识和实践；加强外来入侵物种管理计划制订，确保本土植物群落、生境及生态系统安全；杜绝国际贸易对野生植物物种的威胁；加强植物原材料产品的可持续利用与管理；遏止支撑生计的植物资源和相关传统知识的减少，鼓励中国民间传统知识和实践的传承和创新；加强植物多样性保护的能力建设；植物保护的网络体系建设等（《中国植物保护战略》编辑委员会，2008）。

　　植物的保护主要通过就地保护和迁地保护方式实现。在就地保护方面，全国已建立了2729处自然保护区，2270多处森林公园，5万多处保护小区，就地保护了约65%的高等植物群落。在迁地保护方面，建立野生植物种质资源保护和培育基地400多处，建立植物园、树木园200多处，迁地保护了中国植物区系成分植物物种的60%（黄宏文等，2012；国家林业局野生动植物保护与自然保护区管理司等，2013）。回归自然是野生植物种群重建的重要途径，其保护效果超出了单纯的就地保护和单一的物种保护，能更有效地对极小种群野生植物进行拯救和保护（Ren et al., 2012a）。

广东省位于中国大陆的南部，面积17.98万km²，约占全国陆地面积的1.87%。地势北高南低，北依五岭，南濒南海，东西向腹部倾斜，在这种大地势下形成了山地、平原、丘陵纵横交错的地形格局。广东省属南亚热带和热带季风气候，境内光、热、水资源丰富。广东省的土壤以红壤和赤红壤为主。截至2015年底，全省森林面积1086万hm²，森林覆盖率达58.88%，森林蓄积量达5.61亿m³。广东省主要植被类型有亚热带常绿阔叶林、亚热带季风常绿阔叶林、针阔叶混交林、亚热带针叶林、红树林、竹林、水生植被，另有大量的各种类型人工林、灌丛和灌草丛。

广东省共分布有维管束植物7717种（包括亚种、变种和变型）（叶华谷等，2005），隶属于2051属289科，其中木本植物有4000多种，占全国木本植物的80%。在如此丰富的植物种类中，有一些是珍稀濒危植物。根据《国家重点保护野生植物名录（第一批）》（1999年），广东省被列入了65种，其中I级10种，II级55种（冯志坚等，2002）。《全国极小种群野生植物拯救保护工程规划（2011—2015）》列入的120种中，广东省分布有10种。另外，《广东珍稀濒危植物图谱》记载52种（吴德邻等，1988），吴志敏等（1996）认为有71种，李镇魁等（1996）认为有65种，林媚珍（1996）认为有43种，陈里娥等（1997）认为有59种，张金泉（1997）认为有67种，冯志坚等（2002）认为有75种，《广东珍稀濒危植物》记载有64种（彭少麟等，2003）。王发国等（2004）则认为有107种。他们从区系特征、分布特点和濒危原因等方面对广东珍稀濒危植物进行了分析，但所收录的种类和数量不统一，主要是因为他们的工作中，有的没有标明种的分布点（海南岛原为广东省一部分），有的只记录了部分种类，有的没有把野生种和栽培种分开（王发国等，2004）。无论如何，这些研究基本上都认为广东珍稀濒危植物的主要特征是：组成丰富，地理成分复杂多样，热带性质明显，起源古老，孑遗种类多，特有现象突出，单种属多，分布狭窄。这些珍稀濒危植物还具有广泛的经济用途，包括材用、药用、工业用、绿化观赏等。这些植物珍稀濒危的主要原因是：分布区域萎缩及生境破碎化、环境污染及土地退化、物种自身的繁殖或生物学障碍、过度采摘和利用、外来种入侵及全球气候变化等。但是，保护好这些珍稀濒危植物具有重要的研究、生态、经济和社会等方面的价值。

珍稀濒危植物的保护是一项系统工程，至少需要开展调查编目、保护规划、科学研究、就地保护、迁地保护及回归、法制建设和科普宣传等工作。广东省政府相关部门、科研院所及许多高校多年来一直努力开展了大量保护与研究工作，并取得了较好成效。

在调查编目方面，广东省林业厅根据《林业部关于部署全国重点保护野生植物资源调查工作的通知》，于1998—2001年组织了广东省内分布的国家重点保护野生植物资源调查，这次调查共涉及到国家重点保护植物54种。应调查的国家I级重点保护野生植物为9种，即银杏科的银杏 *Ginkgo biloba* L.、苏铁科的仙湖苏铁 *Cycas fairylakea* D. Y. Wang 和台湾苏铁 *Cycas taiwaniana* Carruth、杉科的水松 *Glyptostrobus pensilis*（Staunton ex D. Don）K. Koch、红豆杉科的南方红豆杉 *Taxus wallichiana* Zucc. var. *mairei*（Lemée & H. Lév.）L. K. Fu & N. Li、伯乐树科的伯乐树 *Bretschneidera sinensis* Hemsl.、金莲木科的合柱金莲木 *Sinia rhodoleuca* Diels、苦

苣苔科的报春苣苔 *Primulina tabacum* Hance、茜草科的异形玉叶金花（本种后被归并至粘花 *Mussaenda esquirolii* H. Lév., Deng & Zhang，2006。本书未列入），但只调查到了6种（银杏、仙湖苏铁、南方红豆杉、伯乐树、合柱金莲木和报春苣苔），水松、台湾苏铁、异形玉叶金花的野生种群没有发现。这6个种中，除仙湖苏铁在深圳塘郎山和曲江罗坑水库已分别失去一个野生种群外，分布地点没有变化，其他5种的分布地点丧失率在20%-100%之间。除南方红豆杉基本上属于正常种群外，其余5种分属于野外绝迹、濒临绝迹或濒危类物种，其资源状况堪忧（何克军等，2005a）。后来，又在野外调查中新发现了列为I级的莼菜 *Brasenia schreberi* J. F. Gmel.。需要说明的是，有一些原有在广东省分布的国家重点保护野生植物II级珍稀濒危植物，如拟高粱 *Sorghum propinquum* (Kunth) Hitchc. 和降香檀 *Dalbergia odorifera* T. C. Chen 均是栽培的而非野生的。毛红椿 *Toona ciliata* M. Roem.var. *pubescens* (Franch.) Hand.-Mazz. 又叫毛红楝子，分布于广东乐昌、曲江、乳源、茂名，但这个种在英文版中国植物志已经被归入其原变种红椿 *Toona ciliata* M. Roem. 中了。细齿桫椤 *Gymnosphaera hancockii* (Copel.) Ching ex L. G. Lin 与粗齿黑桫椤 *Alsophila denticulata* Baker、韩氏桫椤 *Cyathea hancockii* Copel. 未能区分清楚；缘毛红豆 *Ormosia howii* Merr. & Chun 和川藻 *Dalzellia sessilis* (Hsiu C. Chao) C. Cusset & G. Cusset 既查不到标本，也未发现野生植株。因此上面这几个种也未收入本书。

2012年国家林业局正式启动第二次全国重点保护野生植物资源调查，广东2014年全面启动第二次全国重点保护野生植物资源调查。这次调查与第一次调查有所不同，主要对象包括：列入《国家重点保护野生植物名录（第一批）》的物种，《濒危野生动植物种国际贸易公约》附录所列原产我国的野生植物，分布范围狭窄、野外种群数量少的极小种群野生植物，敏感物种、生态指示物种和社会关注度高的野生植物，开发利用过度、资源匮乏的野生植物物种，"第二次全国重点保护野生植物资源调查名录"中广东省有分布的物种，其他需要调查的重要野生植物（调查中新发现未记录过或多年未曾记录的野生植物等）。其涉及到75种野生植物，其中国家重点保护野生植物42种。主要工作内容包括：掌握野生植物资源现状与动态变化，包括种群数量、分布、生境状况，建立和更新广东省野生植物资源数据库；掌握野生植物种群和生境保护管理现状、受威胁状况与变化趋势；掌握野生植物的人工培植状况，建立和完善野生植物人工培植资源数据库；建立比较完善的广东省野生植物资源调查与监测体系，形成一套科学、系统的调查方法体系；培养建立一支野生植物调查专业队伍。目前全面调查工作正在展开，相关数据整理中。

在科学研究方面，系统开展了仙湖苏铁、台湾苏铁、伯乐树、报春苣苔、长柄双花木 *Disanthus cercidifolius* Maxim. var. *longipes* (Hung T. Chang) K.Y. Pan、四药门花 *Loropetalum subcordatum* (Benth.) Oliv.、墨兰 *Cymbidium sinense* (Jacks. ex Andrews) Willd.、铁皮石斛 *Dendrobium officinale* Kimura & Migo、紫纹兜兰 *Paphiopedilum purpuratum* (Lindl.) Stein、绣球茜 *Dunnia sinensis* Tutcher、丹霞梧桐 *Firmiana danxiaensis* H. H. Hsue & H. S. Kiu、圆籽荷 *Apterosperma oblata* Hung T. Chang、猪血木 *Euryodendron excelsum* Hung T. Chang、长梗木莲 *Manglietia longipedunculata* Q.W. Zeng & Y. W. Law、虎颜花 *Tigridiopalma magnifica* C. Chen、杜

鹃红山茶 *Camellia azalea* C. F. Wei 等数十种珍稀濒危植物的生态生物学特性、群体遗传学及繁殖生物学等研究。结果表明，这些植物分布范围狭窄，在人为干扰及气候变化情境下种群在缩小，其中报春苣苔、虎颜花、仙湖苏铁等种群野外居群分别有3个、1个和2个点灭绝（Ren et al., 2010, 2012b）；这些植物的遗传多样性普遍较低，如杜鹃红山茶（由于冰期事件、建群者效应及繁殖方式等导致种群内甚至检测不出遗传多样性；这些植物自然繁殖均有不同程度的障碍，如长梗木莲在自然状态下不能正常结实，虎颜花种子不易萌发，伯乐树因根系腐烂而幼苗成活率极低，仙湖苏铁部分种群由于缺乏雄株导致生殖障碍；研究发现连州地下河主洞内报春苣苔的大种群主要由周边小种群迁移汇聚形成的，主洞周边的小种群更具保护价值。发现广东省内的报春苣苔和湖南永州紫霞洞内"疑似"报春苣苔的物种是同一祖先近期分化形成的姐妹种（Ren et al., 2012b）。

在就地保护方面。广东省开全国之先河，于1956年建立了全国第一个自然保护区——鼎湖山国家级自然保护区。至2015年，已建立各级各类自然保护区369个，其中国家级15个、省级63个、市级114个、县级175个。在这些保护区中，属于林业系统的自然保护区270个，总面积124.51万 hm²，占全省国土面积的6.93%。全省已批建各级森林公园1060处，规划总面积114.8万 hm²，占全省国土面积的6.4%。此外，全省还在农村、政府、部队和企事业单位建立了自然保护小区38800个，面积42万 hm²。就地保护基本形成了以国家级自然保护区为核心，以省级自然保护区为网络，以市、县级自然保护区和自然保护小区为生物通道的多层次的自然保护区管护体系（何克军，2015）。表1和表2列出了广东省与植物保护相关的国家级、省级自然保护区概况。

表1 与植物保护相关的广东省国家级自然保护区一览表

序号	保护区名称	行政区域	面积（hm²）	主要保护对象	类型	始建/批建时间（年）	主管部门
1	广东象头山国家级自然保护区	惠州市博罗县	10697	南亚热带常绿阔叶林和野生动植物	森林生态	1998/2002	林业
2	广东云开山国家级自然保护区	茂名市信宜市	12511	南亚热带常绿阔叶林及野生动植物	森林生态	1994/2014	林业
3	广东石门台国家级自然保护区	清远市英德市	33555	亚热带常绿阔叶林	森林生态	1998/2012	林业
4	广东南岭国家级自然保护区	韶关市、清远市	58400	中亚热带常绿阔叶林和珍稀濒危野生动植物及其栖息地	森林生态	1994	林业
5	广东车八岭国家级自然保护区	韶关市始兴县	7545	中亚热带常绿阔叶林及珍稀动植物	森林生态	1981/1988	林业
6	广东内伶仃岛—福田国家级自然保护区	深圳市宝安区、福田区	922	猕猴、鸟类、红树林湿地生态系统	森林和野生动物类型	1984/1988	林业
7	鼎湖山国家级自然保护区	肇庆市鼎湖区	1155	南亚热带常绿阔叶林、珍稀动植物	森林生态	1956	中国科学院

表2 与植物保护相关的广东省省级自然保护区一览表

序号	保护区名称	行政区域	面积（hm²）	主要保护对象	类型	始建/批建时间（年）	主管部门
1	广东潮安凤凰山省级自然保护区	潮州市潮安区	2812	森林及珍稀野生动植物	森林生态	2000/2001	林业
2	广东从化陈禾洞省级自然保护区	广州市	8054	南亚热带季风常绿阔叶林及野生动植物	森林生态	2007	林业
3	广东河源新港省级自然保护区	河源市	7513	森林及珍稀动物	森林生态	1976/1989	林业
4	广东东源康禾省级自然保护区	河源市东源县	6485	天然次生常绿阔叶林、水土保持林、以及珍稀野生动植物	森林生态	1999	林业
5	广东和平黄石坳省级自然保护区	河源市和平县	8097	森林及野生动植物	森林生态	2000/2004	林业
6	广东龙川枫树坝省级自然保护区	河源市龙川县	15671	常绿阔叶林、珍稀动物	森林生态	1998	林业
7	广东河源大桂山省级自然保护区	河源市源城区	7505	亚热带常绿阔叶林生态系统以及珍稀濒危保护动植物	森林生态	1998/2006	林业
8	广东紫金白溪省级自然保护区	河源市紫金县	5756	亚热带长绿阔叶林及珍稀野生动植物	森林生态	1995/2001	林业
9	广东罗浮山省级自然保护区	惠州市博罗县	9811	南亚热带季风常绿阔叶林及其生态系统和珍稀濒危动植物资源等	森林生态	1985	林业
10	广东惠东莲花山白盆珠省级自然保护区	惠州市惠东县	14034	南亚热带常绿阔叶林、珍稀濒危动植物资源、内陆湿地生态系统、候鸟栖息繁育环境，水源涵养林和水资源	森林生态和湿地生态	2004	林业
11	广东惠东古田省级自然保护区	惠州市惠东县	2189	亚热带常绿阔叶林及珍稀动植物	森林生态	1984	林业
12	广东龙门南昆山省级自然保护区	惠州市龙门县	6000	南亚热带季风常绿阔叶林、珍稀动植物	森林生态	1984	林业
13	广东江门古兜山省级自然保护区	江门市	11567	季风常绿阔叶林、珍稀濒危动植物及其自然环境	森林生态	1999/2001	林业
14	广东恩平七星坑省级自然保护区	江门市恩平市	8060	亚热带原始次生林	森林生态	2003/2007	林业
15	广东揭东桑浦山-双坑省级自然保护区	揭阳市揭东县	6809	水源涵养林和国家重点保护野生动植物保护及其栖息地	森林生态	2005/2009	林业
16	广东连南板洞省级自然保护区	连南瑶族自治县	10196	森林、珍稀动植物	森林生态	20009/2004	林业
17	广东茂名林洲顶鳄晰省级自然保护区	茂名市信宜市	6065	森林及野生动植物	森林生态	2007/2009	林业

序号	保护区名称	行政区域	面积（hm²）	主要保护对象	类型	始建/批建时间（年）	主管部门
18	广东大埔丰溪省级自然保护区	梅州市大埔县	10590	森林及珍稀濒危动植物	森林生态	1984	林业
19	广东蕉岭长潭省级自然保护区	梅州市蕉岭县	5586	常绿阔叶林	森林生态	2002/2004	林业
20	广东梅县阴那山省级自然保护区	梅州市梅县区	2566	亚热带常绿阔叶林森林生态系统、珍稀濒危野生动植物等	森林生态	1985	林业
21	广东平远龙文-黄田省级自然保护区	梅州市平远县	7961	亚热带常绿阔叶林及珍稀动植物	森林生态	1985/2007	林业
22	广东五华七目嶂省级自然保护区	梅州市五华县	5850	亚热带常绿阔叶林及珍稀动植物	森林生态	1990/1998	林业
23	广东兴宁铁山渡田河省级自然保护区	梅州市兴宁市	17827	中亚热带常绿阔叶林森林生态系统及珍稀濒危野生动植物	森林生态	1999/2005	林业
24	广东佛冈观音山省级自然保护区	清远市佛冈县	2792	珍稀濒危动、植物	森林生态	1985	林业
25	广东连平黄牛石省级自然保护区	清远市连平县	4438	森林及野生动植物	森林生态	1999/2001	林业
26	广东连山笔架山省级自然保护区	清远市连山壮族瑶族自治县	10728	天然阔叶林及野生动植物	森林生态	2001	林业
27	广东连州田心省级自然保护区	清远市连州市	12000	森林生态系统	森林生态	2002/2008	林业
28	广东清新白湾省级自然保护区	清远市清新区	7219	石灰岩山地生态系统和石灰岩森林植被	森林生态	2000/2008	林业
29	广东南万红锥林省级自然保护区	汕尾市陆河县	2486	红锥天然林及其生境	野生植物	1999/2001	林业
30	广东乐昌杨东山-十二度水省级自然保护区	韶关市乐昌市	11651	中亚热带常绿阔叶林、珍稀动植物	森林生态	1998	林业
31	广东乐昌大瑶山省级自然保护区	韶关市乐昌市	7914	阔叶林、珍稀动植物	森林生态	2000/2004	林业
32	广东南雄小流坑-青嶂山省级自然保护区	韶关市南雄市	7874	亚热带森林生态系统及珍稀动植物资源	森林生态	1995/2007	林业
33	广东曲江沙溪省级自然保护区	韶关市曲江区	9333	中亚热带常绿阔叶林	森林生态	1996/2007	林业
34	广东仁化高坪省级自然保护区	韶关市仁化县	3586	中亚热带常绿阔叶林	森林生态	1999/2001	林业
35	广东乳源大峡谷省级自然保护区	韶关市乳源瑶族自治县	3673	森林及野生动植物、峡谷地貌	森林生态	1998	林业
36	广东乳源青溪洞省级自然保护区	韶关市乳源瑶族自治县	3200	亚热带常绿阔叶林及珍稀动植物	森林生态	1976	林业

序号	保护区名称	行政区域	面积（hm²）	主要保护对象	类型	始建/批建时间（年）	主管部门
37	广东翁源青云山省级自然保护区	韶关市翁源县	7359	森林生态系统	森林生态	2002/2009	林业
38	广东新丰云髻山省级自然保护区	韶关市新丰县	2727	亚热带常绿阔叶林、珍稀动植物	森林生态	1990	林业
39	广东阳春百涌省级自然保护区	阳江市阳春市	4195	森林生态系统及珍稀动植物	森林生态	1991/2002	林业
40	广东阳春鹅凰嶂省级自然保护区	阳江市阳春市	14621	热带北缘季雨林和山地雨林为主体的森林生态系统	森林生态	2000/2004	林业
41	广东郁南同乐大山省级自然保护区	云浮市郁南县	6353	亚热带常绿阔叶树及珍稀动植物	森林生态	1985	林业
42	广东封开黑石顶省级自然保护区	肇庆市封开县	4200	南亚热带常绿阔叶林	森林生态	1979/1995	林业
43	广东西江烂柯山省级自然保护区	肇庆市高要市	7962	南亚热带常绿阔叶林及珍稀动植物	森林生态	2004	林业
44	广东怀集大稠顶省级自然保护区	肇庆市怀集县	2729	南亚热带常绿阔叶林及珍稀动植物	森林生态	2000/2004	林业
45	广东怀集三岳省级自然保护区	肇庆市怀集县	6762	南亚热带常绿阔叶林及珍稀动植物	森林生态	2004	林业

在迁地保护方面，华南植物园、仙湖植物园、广东省树木公园分别保护了珍稀濒危植物456、130、66种（任海，2006；温小莹等，2006），华南植物园到2015年，已保存珍稀濒危植物达到1千多种，名录详见本书第三部分。这3个迁地保护单位基本上收集了广东省分布的珍稀濒危植物，还从全国及国外引入了一些珍稀濒危植物。这些单位连同广东境内的大学及科研单位，在迁地保护的同时，还开展了约60%种的物候观测及生态生物学特征研究，约30%种的种子、扦插、嫁接、组培等方面的繁殖技术研究。例如，华南植物园对报春苣苔、杜鹃红山茶开展了群落野外调查、种群定位观测、生理生态测定、遗传多样性分析、传粉过程观测、组织培养和扦插繁殖、种群生态恢复等系列研究并在国际上发表，引起国际关注（Ren et al., 2010；Wang et al., 2013；Ren et al., 2014）。

在回归方面，华南植物园对报春苣苔、虎颜花、单座苣苔 Metabriggsia purpureotincta W. T. Wang、彩云兜兰 Paphiopedilum wardii Summerh.、伯乐树、长梗木莲、乐东拟单性木兰 Parakmeria lotungensis（Chun & C. H. Tsoong）Y. W. Law、猪血木、四药门花等28种珍稀濒危植物开展了野外回归及种群扩大工作。全国兰科植物种质资源保护中心和清华大学深圳研究生院对兰科中的杏黄兜兰 Paphiopedilum armeniacum S. C. Chen & F. Y. Liu，深圳仙湖植物园对德保苏铁 Cycas debaoensis Y. C. Zhong & C. J. Chen进行了回归自然试验和种群恢复重建工作。在回归过程中，还率先提出了利用生物技术和生态恢复技术集成方法进行珍稀濒危物种回归的新模式，发现了报春苣苔回归过程中需要先恢复其伴生苔藓植物并作为护理植物；发现虎颜花成功回归的生境要求与上层植被种类无关，但与林下弱光强及土壤高湿度极相关；通过对虎颜花的成功易地回归表明，在气候变化情景下，人类可以帮助珍稀濒危物种迁移/定居，澄清了当前学术界的争论；发现水椰的遗传多样性极低，将现存的水椰种群回归到历史分布区是不可能成功的，只能在现分布区扩大种群；仙湖苏铁遗传多样性虽然不算很低，但由于部分种群缺乏雄株，需要人为引种雄株才能使种群逐步壮大；伯乐树的叶和根的生理生态特征与环境不适应，再加上种子失水敏感，要同时提高其生殖力、生活力和适应力才能回归成功。广东率先建立了"选取适当的珍稀植物，进行基础研究和繁殖技术攻关，再进行野外回归和市场化生产，实现其有效保护，加强公众的保护意识，同时通过区域生态规划及国家战略咨询，推动整个国家珍稀濒危植物回归工作"的模式，这种模式初步实现珍稀濒危植物产业化，产生了良好的社会、生态和经济效益，在中国乃至全球珍稀濒危植物保护和利用中将有广阔的应用前景（Ren et al., 2012a）。

广东省还注意通过极小种群野生植物保护工作带动植物保护工作。2009—2015年期间，广东省林业厅野生动植物保护处根据《全国极小种群野生植物拯救保护工程规划（2011—2015年）》，先后资助有关地方林业部门或自然保护区开展了丹霞梧桐、猪血木、报春苣苔、观光木、水松、紫荆木、兰科植物、四药门花、喜树、扣树、仙湖苏铁等国家级或省级极小种群保护拯救工作（表3）。该工程主要内容有就地保护（包括野生植株的定位、编号、挂牌、档案管理、监测、管护、生境恢复、基础设施设备等），近地保护（种群管理和监测、基础设施建设等），迁地保护（人工种苗繁殖试验基地建设、繁殖试验、种群建立、档案管理等），种质基因保存（种子保护、采集管理、种子和谱系管理等），野外回归（物种选择、回归地选择、种群管护、监测等），能力建设（宣教、人员培训、科研、合作与交流）等方面的基础建设。

表3 广东省已开展极小种群野生植物保护的物种的分布

中文名	拉丁名	分布地点
仙湖苏铁	*Cycas fairylakea*	相对集中分布点4个：深圳、曲江、清远、乐昌
水松	*Glyptostrobus pensilis*	零星分布于珠三角一带，相对集中分布点7个：广州、珠海、新会、平远、化州、曲江、怀集、五华
观光木	*Tsoongiodendron odorum*	零星分布于广东各地森林中，相对集中分布点18个：乐昌、乳源、连州、连山、连南、南雄、始兴、仁化、英德、阳山、翁源、新丰、连平、和平、龙门、高要、阳春、茂名
猪血木	*Euryodendron excelsum*	只分布于阳春市八甲镇
扣树	*Ilex kaushue*	零星分布于粤北、粤东山区，相对集中分布点2个：清新、大埔
丹霞梧桐	*Firmiana danxiaensis*	主要分布点有2个：仁化丹霞山和南雄
喜树	*Camptotheca acuminata*	零星分布于广州、乐昌、乳源、连州、连南、连山、南雄、曲江、和平、紫金、揭西、丰顺、怀集、肇庆
紫荆木	*Madhuca pasquieri*	零星分布于粤北和粤西山区，相对集中分布点3个：信宜、阳春、封开
四药门花	*Tetrathyrium subcordatum*	只分布于中山五桂山
报春苣苔	*Primulina tabacum*	相对集中分布点2个：连州东陂镇和星子镇。零星分布于乐昌、阳山石灰岩溶洞

广东省在保护珍稀濒危植物过程中突出了重点。广东省先后建立了国家苏铁、兰科植物种质资源保护中心、木兰植物保育基地、世界珍稀野生动植物种源基地和华南珍稀濒危植物研究保护中心，在珍稀濒危野生植物的迁地保护、种质资源保存和回归野外方面发挥了积极作用。例如，苏铁中心收集了现存苏铁类植物3科10属246种，收集保存率达世界80%以上；兰科中心收集主要兰科植物原生种1056种，是目前国内收集兰花种类最多的地方；华南植物园木兰园保存150余种（含部分品种），被植物园保护国际（Botanic Gardens Conservation International, BGCI）列为世界木兰中心；在徐闻建立的木兰基地收集木兰科植物220种，种植104hm^2，可提供的木兰科植物种苗16种20万株，已成为世界最大的木兰科植物种质资源保存及种苗产业化中心。

未来广东省的珍稀濒危植物的研究和保护还需要加强如下工作：组织省内植物分类学家，尤其是专门从事专科专属研究的科研人员，对广东省珍稀濒危植物或小种群物种进行全面整理，完成珍稀濒危植物种类及生存状况调查与编目；对濒危植物相关类群进行专科专属研究，重建类群的系统发育，确定濒危植物近缘类群，为探讨濒危植物致濒机制奠定基础；进一步研究野生植物的致濒原因及解除致濒方法，针对致濒原因提出相应的保育策略技术，为长期保护及维持提供理论依据；进一步完善就地保护和迁地保护体系，实现所有珍稀濒危植物的就地和迁地保护全覆盖，提高保护效益（何克军等，2005）；建立所有珍稀植物种类的种子、枝条或苗木、组织和DNA种质资源库和数据库，有条件的建立繁育生产基地以实现其可持续利用；推动广东省省级保护植物的立法工作，加强法制建设和科普宣传，提升社会对植物保护事业的关注度并积极支持保护工作。

本书收录了在广东省有分布的国家级保护植物90种和其他的一些重要珍稀濒危植物13种，分成两部分（表4）。再按其所属的门、科、属、种学名字母顺序排列，对各种进行图文描述。

表4　本书收录的各类保护植物名录

序号	中文名	拉丁名	保护级别*
第一部分　国家级重点保护植物			
1	苏铁蕨	*Brainea insignis*（Hook.）J. Sm.	Ⅱ
2	中华桫椤	*Alsophila costularis* Baker	Ⅱ,CITES附录Ⅱ
3	粗齿黑桫椤	*Alsophila denticulata* Baker	Ⅱ,CITES附录Ⅱ
4	大叶黑桫椤	*Alsophila gigantea* Wall. ex Hook.	Ⅱ,CITES附录Ⅱ
5	小黑桫椤	*Alsophila metteniana* Hance	Ⅱ,CITES附录Ⅱ
6	黑桫椤	*Alsophila podophylla* Hook.	Ⅱ,CITES附录Ⅱ
7	桫椤	*Alsophila spinulosa*（Wall. ex Hook.）R. M. Tryon	Ⅱ,CITES附录Ⅱ,*
8	白桫椤	*Sphaeropteris brunoniana*（Wall. ex Hook.）R. M. Tryon	Ⅱ,CITES附录Ⅱ
9	金毛狗	*Cibotium barometz*（L.）J. Sm.	Ⅱ,CITES附录Ⅱ
10	七指蕨	*Helminthostachys zeylanica*（L.）Hook.	Ⅱ
11	水蕨	*Ceratopteris thalictroides*（L.）Brongn.	Ⅱ

序号	中文名	拉丁名	保护级别*
12	海南粗榧	*Cephalotaxus mannii* Hook. f.	*
13	篦子三尖杉	*Cephalotaxus oliveri* Mast.	Ⅱ,***
14	福建柏	*Fokienia hodginsii*（Dunn）A. Henry & H. H. Thomas	Ⅱ,***
15	仙湖苏铁	*Cycas fairylakea* D. Y. Wang	Ⅰ,ESP,CITES 附录Ⅱ
16	台湾苏铁	*Cycas taiwaniana* Carruth.	Ⅰ,ESP,CITES 附录Ⅱ
17	银杏	*Ginkgo biloba* L.	Ⅰ,**
18	油杉	*Keteleeria fortunei*（A. Murry bis）Carrière	***
19	华南五针松	*Pinus kwangtungensis* Chun & Tsiang	Ⅱ,***
20	南方铁杉	*Tsuga chinensis*（Franch.）Pritz.	***
21	长苞铁杉	*Tsuga longibracteata* W. C. Cheng	***
22	长叶竹柏	*Podocarpus fleuryi* Hickel	***
23	鸡毛松	*Podocarpus imbricatus* Blume	***
24	百日青	*Podocarpus neriifolius* D. Don	CITES 附录Ⅲ
25	穗花杉	*Amentotaxus argotaenia*（Hance）Pilg.	***
26	白豆杉	*Pseudotaxus chienii*（W. C. Cheng）W. C. Cheng	Ⅱ,**
27	南方红豆杉	*Taxus wallichiana* var. *mairei*（Lemée & H. Lév.）L. K. Fu & N. Li	Ⅰ,CITES 附录Ⅱ
28	水松	*Glyptostrobus pensilis*（Staunton ex D. Don）K. Koch	Ⅰ,ESP,**
29	扣树	*Ilex kaushue* S. Y. Hu	ESP
30	驼峰藤	*Merrillanthus hainanensis* Chun & Tsiang	Ⅱ
31	八角莲	*Dysosma versipellis*（Hance）M. Cheng ex T. S. Ying	***
32	伯乐树	*Bretschneidera sinensis* Hemsl.	Ⅰ,**
33	莼菜	*Brasenia schreberi* J. F. Gmel.	Ⅰ
34	粘木	*Ixonanthes reticulata* Jack	***
35	华南锥	*Castanopsis concinna*（Champ.ex Benth.）A. DC	Ⅱ,***
36	吊皮锥	*Castanopsis kawakamii* Hayata	***
37	报春苣苔	*Primulina tabacum* Hance	Ⅰ,ESP
38	酸竹	*Acidosasa chinensis* C. D. Chu & C. S. Chao ex Keng f.	Ⅱ

序号	中文名	拉丁名	保护级别*
39	药用野生稻	*Oryza officinalis* Wall. ex G. Watt	Ⅱ ,**
40	普通野生稻	*Oryza rufipogon* Griff.	Ⅱ ,**
41	长柄双花木	*Disanthus cercidifolius* Maxim. subsp. *longipes*（Hung T. Chang）K. Y. Pan	Ⅱ ,**
42	四药门花	*Loropetalum subcordatum*（Benth.）Oliv.	Ⅱ ,**
43	半枫荷	*Semiliquidambar cathayensis* Hung T. Chang	Ⅱ ,***
44	樟	*Cinnamomum camphora*（L.）J. Presl	Ⅱ
45	沉水樟	*Cinnamomum micranthum*（Hayata）Hayata	***
46	卵叶桂	*Cinnamomum rigidissimum* Hung T. Chang	Ⅱ
47	闽楠	*Phoebe bournei*（Hemsl.）Y. C. Yang	Ⅱ ,***
48	格木	*Erythrophleum fordii* Oliv.	Ⅱ ,**
49	山豆根	*Euchresta japonica* Hook. f. ex Regel	Ⅱ
50	野大豆	*Glycine soja* Siebold & Zucc.	Ⅱ ,***
51	花榈木	*Ormosia henryi* Prain	Ⅱ
52	任豆	*Zenia insignis* Chun	Ⅱ ,***
53	凹叶厚朴	*Magnolia officinalis* subsp. *biloba*（Rehder & E. H. Wilson）Y. W. Law	Ⅱ ,***
54	厚叶木莲	*Manglietia pachyphylla* Hung T. Chang	Ⅱ
55	石碌含笑	*Michelia shiluensis* Chun & Y. F. Wu	Ⅱ
56	乐东拟单性木兰	*Parakmeria lotungensis*（Chun & C. H. Tsoong）Y. W. Law	***
57	观光木	*Tsoongiodendron odorum* Chun	ESP,**
58	红椿	*Toona ciliata* M. Roem.	Ⅱ ,***
59	见血封喉	*Antiaris toxicaria* Lesch.	***
60	白桂木	*Artocarpus hypargyreus* Hance ex Benth.	***
61	喜树	*Camptotheca acuminata* Decne.	Ⅱ ,ESP
62	合柱金莲木	*Sinia rhodoleuca* Diels	Ⅰ ,**
63	建兰	*Cymbidium ensifolium*（L.）Sw.	CITES 附录Ⅱ
64	春兰	*Cymbidium goeringii*（Rchb. f.）Rchb. f.	CITES 附录Ⅱ
65	寒兰	*Cymbidium kanran* Makino	CITES 附录Ⅱ

序号	中文名	拉丁名	保护级别*
66	墨兰	*Cymbidium sinense*（Jacks.ex Andrews）Willd.	CITES 附录 II
67	丹霞兰	*Danxiaorchis singchiana* J. W. Zhai, F. W. Xing & Z. J. Liu	CITES 附录 II
68	铁皮石斛	*Dendrobium officinale* Kimura & Migo	CITES 附录 II
69	紫纹兜兰	*Paphiopedilum purpuratum*（Lindl.）Stein	CITES 附录 I
70	锯叶竹节树	*Carallia diplopetala* Hand.-Mazz.	***
71	绣球茜	*Dunnia sinensis* Tutcher	II ,***
72	香果树	*Emmenopterys henryi* Oliv.	II ,**
73	巴戟天	*Morinda officinalis* F. C. How	***
74	伞花木	*Eurycorymbus cavaleriei*（H. Lév.）Rehder & Hand.-Mazz.	II ,**
75	紫荆木	*Madhuca pasquieri*（Dubard）H. J. Lam.	II ,ESP,**
76	银鹊树	*Tapiscia sinensis* Oliv.	***
77	丹霞梧桐	*Firmiana danxiaensis* H. H. Hsue & H. S. Kiu	II ,ESP
78	白辛树	*Pterostyrax psilophyllus* Diels ex Perkins	***
79	木瓜红	*Rehderodendron macrocarpum* H. H. Hu	**
80	圆籽荷	*Apterosperma oblata* Hung T. Chang	**
81	红皮糙果茶	*Camellia crapnelliana* Tutcher	**
82	大苞白山茶	*Camellia granthamiana* Sealy	**
83	长瓣短柱茶	*Camellia grijsii* Hance	**
84	野茶	*Camellia sinensis*（L.）Kuntze	**
85	猪血木	*Euryodendron excelsum* Hung T. Chang	ESP,**
86	土沉香	*Aquilaria sinensis*（Lour.）Spreng.	II ,CITES 附录 II ,***
87	青檀	*Pteroceltis tatarinowii* Maxim.	***
88	榉树	*Zelkova schneideriana* Hand.-Mazz.	II
89	珊瑚菜	*Glehnia littoralis* F. Schmidt ex Miq.	II ,***
90	海南石梓	*Gmelina hainanensis* Oliv.	II ,***
		第二部分　其他重要珍稀植物	
91	千层塔	*Huperzia serrata*（Thunb.）Trevis.	
92	三尖杉	*Cephalotaxus fortunei* Hook.	

序号	中文名	拉丁名	保护级别*
93	粗榧	*Cephalotaxus sinensis*（Rehder & E. H. Wilson）H. L. Li	
94	罗汉松	*Podocarpus macrophyllus*（Thunb.）Sweet	
95	大果五加	*Diplopanax stachyanthus* Hand.-Mazz.	
96	长梗木莲	*Manglietia longipedunculata* Q. W. Zeng & Y. W. Law	
97	虎颜花	*Tigridiopalma magnifica* C. Chen	
98	广东女贞	*Ligustrum guangdongense* R. J. Wang & H. Z. Wen	
99	毛茶	*Antirhea chinensis*（Champ. ex Benth.）Benth. & Hook. f. ex F. B. Forbes & Hemsl.	
100	宽昭茜	*Foonchewia coriacea*（Dunn）Z. Q. Song	
101	乌檀	*Nauclea officinalis*（Pierre ex Pit.）Merr. & Chun	
102	石生螺序草	*Spiradiclis petrophila* H. S. Lo	
103	杜鹃红山茶	*Camellia azalea* C. F. Wei	

保护级别包含：其中Ⅰ、Ⅱ为1999年国家林业局、农业部公布的《国家重点保护野生植物名录（第一批）》；、**、***为1987年国家环境保护委员会公布的《中国珍稀濒危保护植物名录（第一批）》；CITES附录Ⅰ、Ⅱ、Ⅲ是指《濒危野生动植物种国际贸易公约》收录种类；ESP是指属于《全国极小种群野生植物拯救保护工程规划（2011—2015年）》的种类。

第一部分
广东省分布的国家级珍稀濒危植物

Chapter 1
The Rare and Endangered Plants at National Red List in Guangdong

（一）蕨类植物 Pteridophyta

苏铁蕨

Brainea insignis（Hook.）J. Sm.

乌毛蕨科 Blechnaceae

国家重点保护野生植物名录（第一批）Ⅱ级。

形态特征

小型树状蕨类，高达1.5 m。主轴直立或斜上，圆柱状，黑褐色，木质，顶部与叶柄基部均密被红棕色线形鳞片。叶簇生于主轴顶部，略二型；不育叶片一回羽状，椭圆披针形，革质，光滑；羽片30～55对，线状披针形，先端长渐尖，基部为不对称的心形，近无柄，边缘有细密的锯齿；能育叶与不育叶同形，仅羽片较短狭，彼此较疏离；叶柄棕禾杆色，坚硬，上面有纵沟。孢子囊群沿主脉两侧的小脉着生，成熟时逐渐布满于主脉两侧。

地理分布

我国广东（封开、肇庆、英德、五华、饶平、连州、紫金、惠东、广州、深圳、东莞）、香港、广西、台湾、贵州、福建、云南。印度经东南亚至菲律宾的亚洲热带地区。

生态与生境

生于山坡向阳的地方，亦见于次生林林下或林缘，有时与芒萁构成群落。

致濒危原因与繁殖方式

具有较高的观赏和药用价值，常被挖掘，人为破坏严重，野生种群日益减少，大都为零星分布。不耐阴，在林中荫蔽条件下，会大量死亡（王俊浩等，1998）。孢子繁殖或用孢子和幼叶进行组织培养（曾宋君，1998）。

保护价值与保护现状

株形极似苏铁类植物，具有重要的观赏价值，适合作盆景。根状茎入药，能清热解毒、活血散瘀，可治感冒、烧伤或用于止血。多分布在自然保护区或郊野公园，如在惠州市白盆珠和古寨自然保护区、肇庆市鼎湖山国家级自然保护区、东莞市银瓶嘴自然保护区、深圳市马峦山、田头山和排牙山都得到较好的就地保护。目前在华南植物园、贵州植物园等地均有迁地保育。

中华桫椤

Alsophila costularis Baker

桫椤科 **Cyatheaceae**

国家重点保护野生植物名录（第一批）Ⅱ级；
CITES附录Ⅱ级。

形态特征

茎干高可达5 m多。叶柄长可达45 cm，叶片长2 m，宽1.5 m，三回羽状深裂，羽片约15对，披针形；小羽片多达30对，无柄，平展，披针形。孢子囊群着生于叶片远轴片的侧脉分叉处，靠近主脉，每裂片约3～6对，囊群盖膜质，仅于主脉一侧附着在囊托基部，成熟时反折如鳞片状覆盖在主肋上。其与桫椤（*A. spinulosa*）相似，但本种仅叶柄基部有少量短刺，羽轴和小羽轴远轴面被较多棕色软毛。

地理分布

我国广东（信宜）、广西、云南、西藏。不丹、印度、越南、缅甸、孟加拉国。

生态与生境

在广东生于海拔约800 m的沟谷林中，是目前所知该种的最东分布（韦灵灵等，2011）。本种在其他地区可生长至海拔2100 m的林中。

致濒危原因与繁殖方式

生境受到人为或自然破坏以及极端气候变化而致濒。孢子繁殖和组织培养均可（程治英等，1992）。

保护价值与保护现状

植物界中的"活化石"，是起源古老的孑遗植物，具有重要的科研、观赏和药用价值。目前在广东仅发现一个种群，2016年广东春季的长时间低温已经对这个种群产生严重寒害，需要加强种群的恢复和保育。

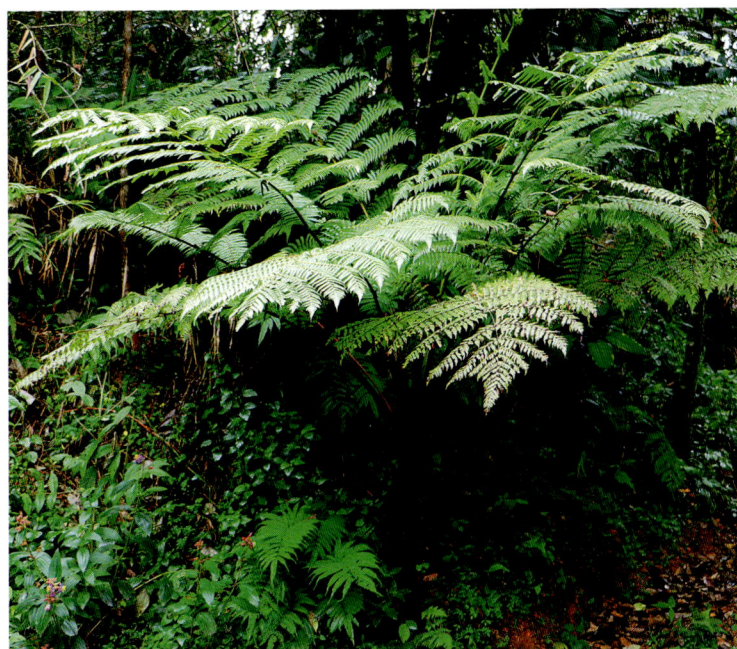

粗齿黑桫椤（粗齿桫椤）

Alsophila denticulata Baker

桫椤科 Cyatheaceae

国家重点保护野生植物名录（第一批）Ⅱ级；
CITES附录Ⅱ。

形态特征

中型蕨类，植株高60～150 cm。主干短而横卧，连同叶柄基部密被鳞片。叶簇生；叶柄暗棕色，散生有疣状突起，基部生线形棕色鳞片；叶片披针形，长35～50 cm，二回深羽裂至三回羽状；羽片12～16对，互生，长圆形；小羽片互生，斜向上，近无柄，羽裂几达小羽轴；裂片椭圆形，斜向上，边缘有粗齿，纸质；叶脉分离，每裂片有小脉5～7对；羽轴红棕色，有疏的疣状突起。孢子囊群圆形，生于小脉中部或分叉点上，沿中脉两侧各排成1行，无囊群盖。

地理分布

我国广东（广州、龙门、英德、新会、信宜）、香港、广西、湖南、江西、福建、台湾、浙江、云南、贵州、四川、重庆。日本。

生态与生境

生于山谷疏林及林缘沟边，适宜于透气透水好的肥沃砂壤，酸性。

致濒危原因与繁殖方式

根系不发达、更新效率低和环境适应能力差，以及人类对其生境的破坏和对其野生植株的私挖乱采（周梅等，2011）。孢子繁殖。

保护价值与保护现状

是研究物种形成、地质变迁、植物地理分布关系的理想对象。削去外皮的髓部可作药用。株形美观别致，可供欣赏。茎杆髓部可提取淀粉代食品，根状茎具清热解毒等功效。以就地保护为主，在华南植物园有迁地保护植株。

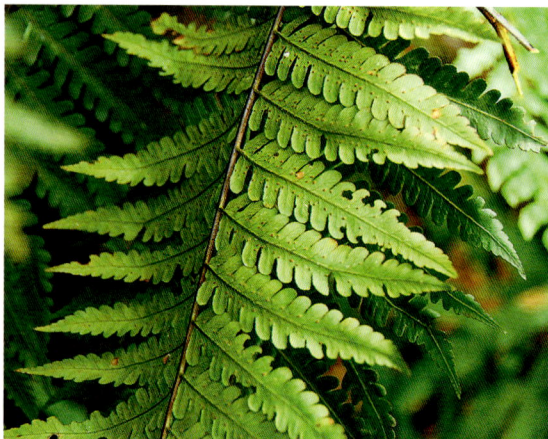

大叶黑桫椤（大桫椤、大黑桫椤）

Alsophila gigantea Wall. ex Hook.

桫椤科 Cyatheaceae

国家重点保护野生植物名录（第一批）Ⅱ级；
CITES附录Ⅱ。

形态特征

树状蕨类，高2～5m，有主干，直径达
20 cm。叶簇生，长达3 m；叶轴下部乌木色，粗
糙；叶片三回羽裂；羽片平展，有短柄，长圆
形，顶端渐尖并有浅锯齿；叶柄乌木色，基部、
腹部密被条形黑色鳞片；小羽片约25对，线状
披针形，互生，平展，顶端渐尖并有浅齿，基部
截形，羽裂达1/2至3/4；裂片12～15对，阔三角
形，边缘有浅锯齿，厚纸质，两面均无毛；叶脉
羽状，小脉6～7对，单一。孢子囊群圆形，排列
成"V"字形；无囊群盖。

地理分布

我国广东（英德、怀集、茂名、信宜、高
州、佛山、广州）、海南、广西、云南。日本、
印度尼西亚、马来西亚、越南、老挝、柬埔寨、
缅甸、泰国、尼泊尔及印度。

生态与生境

生于溪边常绿阔叶林或次生林下。

致濒危原因与繁殖方式

环境遭受破坏，加上野生植株被人类偷采，
现野外分布日益稀少。孢子的无菌培养已获成功
（徐艳等，2004）。

保护价值与保护现状

植株高大、形体优美，常用于园林观赏。除
野生外，在华南植物园、西双版纳植物园、深圳
仙湖植物园等处均有迁地保育。

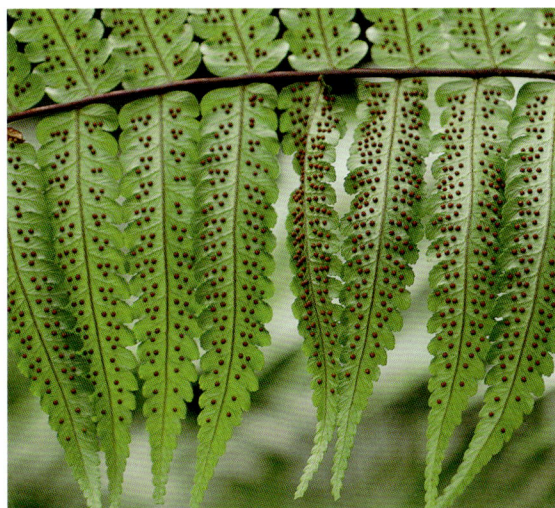

小黑桫椤（针毛桫椤）

Alsophila metteniana Hance

桫椤科 Cyatheaceae

国家重点保护野生植物名录（第一批）Ⅱ级；CITES附录Ⅱ。

形态特征

植株高1.5~2 m。根状茎短而直立，或斜升，密生褐棕色鳞片；鳞片线状披针形。叶柄红棕色或紫黑色，基部密被鳞片，向上具疣突；鳞片线形，淡棕色；叶片三回羽裂；羽片多数，互生，椭圆披针形，先端渐尖；小羽片20~25对，互生，近平展，几无柄，向顶端渐狭，深羽裂，基部一对裂片常不分离；裂片椭圆形，狭长，略偏斜，边缘有疏钝齿；叶脉分离，每裂片有小脉5~7对，单一或偶有二叉，基部下侧一小脉出自主脉；叶纸质，两面疏被针状长毛；羽轴红棕色，近光滑，与小羽轴上面均被淡棕色针状毛，下面疏被褐棕色或灰色的扁平小鳞片。孢子囊群生于小脉中部；囊群盖缺。

地理分布

我国广东（广州、英德、珠海、信宜）、台湾、福建、贵州、四川、重庆、云南、江西。日本。

生态与生境

生于山坡林下、溪沟边。喜荫蔽、湿润的生境。

致濒危原因与繁殖方式

环境遭受人为破坏，幼苗阶段赖以生存的条件日益恶化；在自然荫蔽条件下，由于树冠的遮挡，到达地表的红光和蓝光已剩不多，而红光和蓝光对孢子萌发和配子体发育都是必需的（郑洁等，2008；杜红红等，2009），由于孢子萌发、配子体发育等生殖过程对生境条件的要求严格，因此繁殖率低。主要用孢子繁殖。

保护价值与保护现状

具有较高的观赏价值，对研究古生物、古气候和古环境变迁有重要意义。近几年的调查表明，其种群数量开始下降，如在过去两年多对广州市的调查中只记录到1个小种群(董仕勇，2008)。在广东西部云开山自然保护区有1个居群，受到较好的保护。

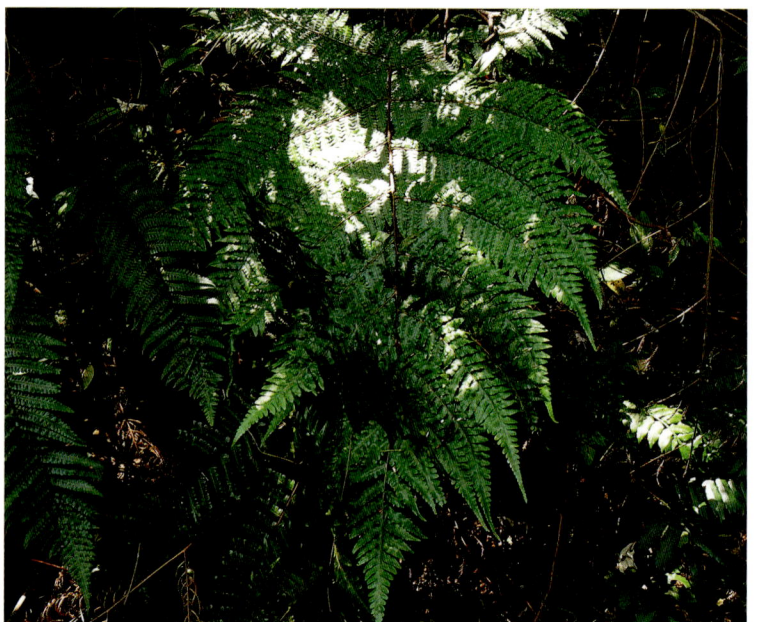

黑桫椤（结脉黑桫椤、鬼桫椤）

Alsophila podophylla Hook.

桫椤科 Cyatheaceae

国家重点保护野生植物名录（第一批）Ⅱ级；
CITES附录Ⅱ。

形态特征

树状蕨类，高1～3 m，有粗短主干或无。叶柄、叶轴和羽轴均为红棕色，被褐棕色、线状披针形鳞片；叶簇生，羽片多数，互生，斜展，顶端长渐尖，浅羽裂；小羽片互生，近平展，线状披针形，有短柄，顶端尾状渐尖，基部截形，边缘近全缘或有疏锯齿，坚纸质，两面均无毛；叶脉羽状，两面均隆起，侧脉斜上，小脉单一，相邻两组羽状脉的基部通常在中部或上部联结成三角形网眼。孢子囊群圆形，着生于小脉背面近基部，无囊群盖。

地理分布

我国广东（广州、深圳、封开、信宜、高州、新兴、怀集、肇庆、英德、新会、龙门、饶平、恩平、中山）、台湾、福建、香港、海南、广西、云南、贵州。日本、越南、老挝、泰国及柬埔寨。

生态与生境

常生长在潮湿山沟林下或林缘。

致濒危原因与繁殖方式

生境遭受破坏，野生植株被人为盗采。孢子的无菌培养已获成功（徐艳等，2004）。

保护价值与保护现状

常用于园林观赏。除野生外，在华南植物园、深圳仙湖植物园等有迁地保育。

桫椤（刺桫椤）

Alsophila spinulosa (Wall. ex Hook.) R. M. Tryon

桫椤科 **Cyatheaceae**

国家重点保护野生植物名录（第一批）II 级；
中国珍稀濒危保护植物名录（第一批）*级；
CITES 附录 II 。

形态特征

树状蕨类，茎干直立，高达 6 m，粗 10～20 cm，上部有残存的叶柄。叶簇生，螺旋状排列；叶片大型、三回羽裂；叶柄粗壮；羽片 17～20 对，互生，椭圆披针形，先端渐尖，基部一对缩短，中部羽片最长且二回羽状深裂；小羽片 18～20 对，互生，基部小羽片稍缩短；裂片 18～20 对，斜展，基部裂片稍缩短，镰状披针形，纸质；叶脉羽裂，基部下侧小脉出自中脉的基部，每裂片具小脉 8～11 对，小脉二叉。孢子囊群圆形，有隔丝；囊群盖球形，膜质。

地理分布

我国广东（深圳、封开、信宜、高州、新兴、怀集、肇庆、英德、博罗、梅州、五华）、香港、福建、台湾、广西、海南、云南、四川、西藏。尼泊尔、不丹、印度、缅甸、泰国、越南、菲律宾及日本南部。

生态与生境

常生长在山沟的潮湿坡地，常数十株构成优势群落，亦有散生在林缘灌丛之中。一般生长在海拔 250～900 m 的静风、高湿、荫蔽的酸性砂质壤土中。

致濒危原因与繁殖方式

遗传多样性水平低；生殖周期长，孢子萌发要求条件苛刻，形成配子体和胚胎建成等过程对生境要求严格；狭窄的生态位和锐减的适宜生境；人类的干扰和砍伐等（敖光辉，2004；程治英等，1990）。孢子繁殖和组织培养（莫新寿等，2004）。

保护价值与保护现状

科学研究的活化石。茎干可入药，有驱风湿、强筋骨、清热止咳等功效，在中药里被称为龙骨风、飞天擒罗（陈封政等，2007）。株形美观别致，可用来铺路、搭桥或制作工艺品。可栽培附生兰类。1985 年用桫椤幼叶组织培养成功。1987 年在贵州建立了我国第一个桫椤自然保护区（程治英等，1990）。在香港嘉道理植物园、华南植物园、上海辰山植物园、深圳仙湖植物园均有迁地保育。

白桫椤

Sphaeropteris brunoniana (Wall. ex Hook.)
R. M. Tryon

桫椤科 **Cyatheaceae**

国家重点保护野生植物名录（第一批）Ⅱ级；
CITES附录Ⅱ级。

形态特征

常绿陆生大型乔木蕨类，茎干高达20 m。叶柄禾秆色，常被白粉，长达50 cm，基部有小疣突，其余光滑。叶片大，长可达3 m，宽可达1.6 m，三回羽状深裂，叶轴光滑，浅禾秆色，被白粉；羽片20～30对，斜展，披针形，最长达90 cm，宽约25 cm；小羽片条状披针形，下部稍狭，尖端长尾尖，长9～14 cm，宽2～3 cm；裂片约16～25对。每裂片有孢子囊群7～9对，位于叶缘与主脉之间，无囊群盖。

地理分布

我国广东（信宜）、广西、西藏、云南、海南。尼泊尔、印度、孟加拉国、缅甸和越南。

生态与生境

在广东生于800～900 m常绿阔叶林缘，是目前所知该种群自然分布最东的地区（韦灵灵等，2011）。在其他地区可生于海拔500～1200 m山地常绿林中。

致濒危原因与繁殖方式

因生境受到人为破坏或极端自然气候变化而致濒。孢子繁殖（王金娟等，2007）。

保护价值与保护现状

作为植物"活化石"，白桫椤对研究物种形成和植物区系地理具有重要价值，并且也具有很高的观赏价值，也是民间常用的药用植物。2016年春季长时间的低温使广东的野外种群受到严重寒害，其生存状况不容乐观，需要及时进行保育研究。在华南植物园有迁地保护植株。

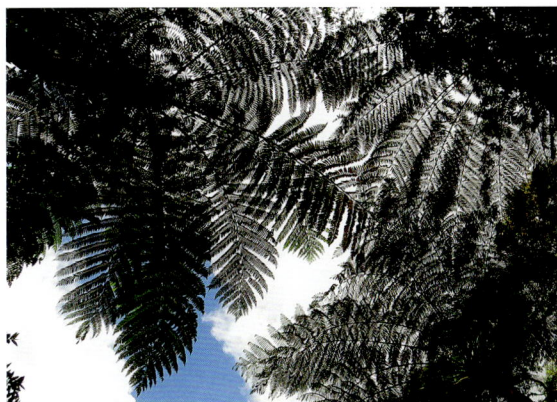

金毛狗（金毛狗脊、黄毛狗、猴毛头）

Cibotium barometz (L.) J. Sm.

蚌壳蕨科 Dicksoniaceae

被列入限制出口物种名录（张祖荣等，2010）。就地保护为主。

国家重点保护野生植物名录（第一批）II级；
CITES附录II。

形态特征

树状蕨类植物，高达3 m。根状茎卧生，粗壮，基部有密的金黄色长茸毛，形如金毛狗头；叶柄粗壮，棕褐色；叶大型，宽卵状三角形，三回羽状分裂，革质，除小羽轴两面略有褐色短毛外，其余部分均无毛，叶背面灰白或灰蓝色；下部羽片长圆形，柄互生，远离；一回小羽片互生，开展，接近；末回裂片镰状披针形，尖头，边缘有浅锯齿；叶脉两面明显，侧脉单一；叶革质或厚纸质。孢子囊群在每一能育裂片上有1～5对，生于小脉顶端；囊群盖灰褐色，两瓣，成熟时张开如蚌壳。

地理分布

我国广东、云南、贵州、四川、广西、福建、台湾、海南、浙江、江西和湖南。印度、缅甸、泰国、越南、老挝、柬埔寨、马来西亚、日本（琉球）及印度尼西亚。

生态与生境

喜疏林下或灌丛中稍阴暗的酸性土壤。

致濒危原因与繁殖方式

植株根系不发达，自然更新效率低；环境适应能力较差，适生环境受破坏；人类对植株的私挖乱采等导致濒危。有孢子繁殖和旁萌繁殖（张祖荣等，2010），还可用块茎繁殖（翁振翔，2012）。

保护价值与保护现状

根状茎称金毛狗脊，是传统良药，入药能补肝肾、强腰膝、利尿通淋，根状茎或其上的长软毛可入药，前者可补肝肾，后者可止血，又可作填充物。根状茎可以酿酒。为亚热带和热带气候区的酸性土指示植物。株形优美，可作庭园观赏。

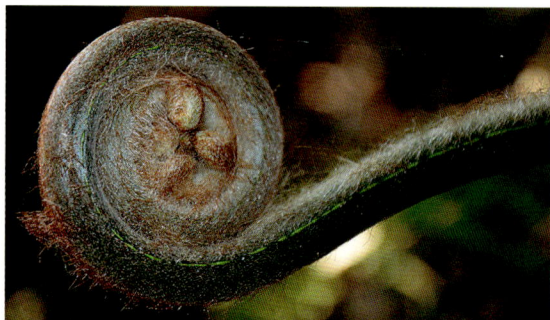

七指蕨

Helminthostachys zeylanica (L.) Hook.

七指蕨科 **Helminthostachyaceae**

国家重点保护野生植物名录（第一批）II级。

形态特征

多年生草本，植株高30～50 cm。根状茎肉质，粗壮，横生，有多数肉质粗根，近顶部生叶1～2片；叶柄绿色，草质，顶部生出不育叶和孢子囊穗；叶片由3裂的营养裂片和1枚直立的孢子囊穗组成；不育叶片3叉，每叉有1枚顶生羽片和其下面的1～2对侧生羽片，基部有略具狭翅的柄；羽片无柄，基部狭而下延，顶端渐尖，全缘或有稍不整齐锯齿；叶薄草质，无毛，中脉在上面凹陷，下面凸起，侧脉分离，密生，1～2回分叉，斜向上至叶边。孢子囊穗单生，通常高于不育叶，直立。

地理分布

我国广东（肇庆、吴川）、海南、台湾和云南。

生态与生境

生于湿润、疏荫林下。

致濒危原因与繁殖方式

因热带雨林面积日益缩小，生境破坏，本种的分布区范围缩小，数量减少，再加上人为过度采挖，现已十分珍稀。有性繁殖和无性繁殖均可成功。

保护价值与保护现状

嫩叶可作蔬菜。根状茎入药，可治咳嗽哮喘；外敷治毒蛇咬伤。其叶片均指向天空成杯形，甚为美观，具有观赏价值。就地保护为主。

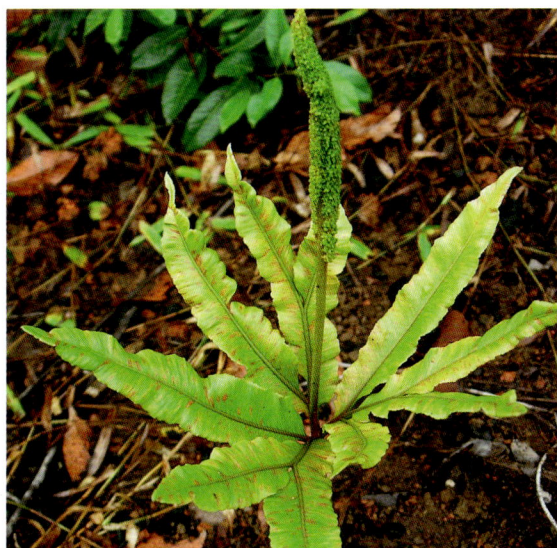

水蕨

Ceratopteris thalictroides (L.) Brongn

水蕨科 **Parkeriaceae**

国家重点保护野生植物名录（第一批）Ⅱ级。

形态特征

多汁柔软草本，高可达70 cm。根状茎短而直立，具一簇粗根。叶簇生，二型；不育叶绿色，圆柱形，肉质，光滑无毛；叶片直立或幼时漂浮，下长圆形，渐尖头，基部圆楔形；裂片互生，一至三回羽状深裂；小裂片互生，阔卵形或卵状三角形；末回裂片线形或线状披针形，全缘；能育叶柄与不育叶相同，叶片长圆形或卵状三角形，二至三回羽状深裂；羽片互生，斜展；裂片狭线形，先端渐尖，反卷达主脉，像假囊群盖。孢子囊棕色，成熟后张开露出孢子囊。

地理分布

我国广东（广州、台山、云浮、郁南、湛江、怀集、徐闻、德庆、新兴、翁源）、广西、台湾、福建、江西、浙江、山东、江苏、安徽、湖北、湖南、四川、云南。

生态与生境

生境为稻田、水沟和池塘。分布面积均较小，所处的海拔高度均低于1000 m，伴生种有水蓼、中华水芹、李氏禾、扁秆牛鞭草、慈姑、鸭舌草及牛毛毡等（吴翠，2005）。

致濒危原因与繁殖方式

生长的环境特殊，种群相对较小。人为作用使生境被破坏、污染及片段化等可能是导致水蕨种群灭绝的主要原因（吴翠，2005）。以有性繁殖为主，兼无性繁殖（刁正俗，1990）。

保护价值与保护现状

由于水蕨种群稀少和生存受到威胁的状况，以及它具有独特的形态特征、生活习性和一定的经济利用价值，可作为研究植物遗传多样性等方面的好材料（李景原等，1997）。目前以就地保护为主。在华南植物园湖边、水稻试验田水沟边有生长。

（二）裸子植物 Gymnospermae

海南粗榧（红壳松、薄叶篦子杉）

***Cephalotaxus mannii* Hook. f.**

三尖杉科 Cephalotaxaceae

中国珍稀濒危保护植物名录（第一批）*级。

形态特征

常绿乔木，树干通直，高20～25 m；叶交互对生，两列，线形，质地较薄，上面绿色，下面有两条白色气孔带。雌雄异株，偶有同株；雄球花6～8聚生，圆球状，腋生，雌球花具长梗，生于小枝基部苞腋，有数对交互对生的苞片，每苞腋着生2胚珠，胚珠生于球托之上，通常2～8个发育。种子簇生于梗端，翌年成熟，全部包于肉质假种皮中，倒卵状椭圆形，长2.2～2.8 cm，顶端有凸起的小尖头，成熟时假种皮常呈红色。花期2～3月，种子成熟期8～10月。

地理分布

我国广东（信宜）、海南。

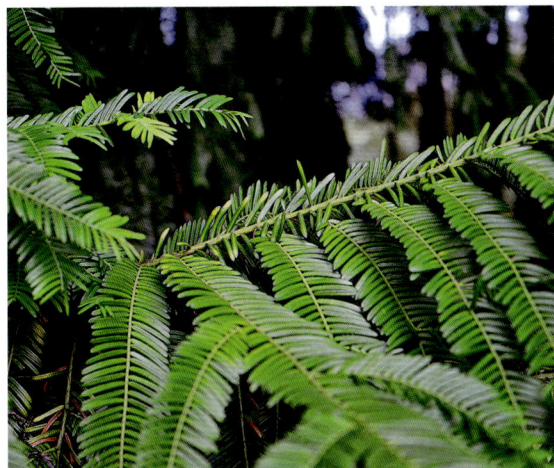

生态与生境

散生于海拔600～1700 m的山地雨林或季雨林区的沟谷或山坡。

致濒危原因与繁殖方式

遗传多样性低，天然受粉率低，结果少；果实易遭鸟兽啃食和台风等影响，难获得种子；加上被过度砍伐利用，导致濒危。种子萌发和小枝扦插繁殖。

保护价值与保护现状

材质优良，树皮和树叶中分离的三尖杉酯碱具有治疗白血病等作用。目前主要是就地保护。

篦子三尖杉

Cephalotaxus oliveri Mast.

三尖杉科 Cephalotaxaceae

国家重点保护野生植物名录（第一批）Ⅱ级；
中国珍稀濒危保护植物名录（第一批）***级。

形态特征

常绿灌木，高达4 m；树皮灰褐色。叶条形，质硬，平展成两列，排列紧密，通常中部以上向上方微弯，稀直伸，基部截形或微呈心形，几无柄，先端凸尖或微凸尖，上面深绿色，微拱圆，中脉微明显或中下部明显，下面气孔带白色。雄球花6～7聚生成头状花序，基部及总梗上部有10余枚苞片，每一雄球花基部有1枚广卵形的苞片；雌球花的胚珠通常1～2枚发育成种子。种子倒卵圆形、卵圆形或近球形，顶端中央有小凸尖。花期3～4月，种子8～10月成熟。

地理分布

我国广东（乐昌、乳源、仁化）、江西、湖南、湖北、四川、贵州、云南。越南。

生态与生境

散生于海拔300～1500 m的阔叶林或针叶林中。

致濒危原因与繁殖方式

遗传多样性较低是濒危的根本原因。自然分布范围较窄，数量稀少，结实率低，自然条件下种子的萌发率很低，种子休眠期长，繁育系数较低，天然更新困难。再加上人为砍伐、人类活动的干扰使其生境受到破坏。以种子繁殖为主，利用低温或搓去假种皮等方法，打破其休眠期，可使其提前萌发。幼苗出土后要适当遮荫，苗期生长缓慢。

保护价值与保护现状

树形美观，有很高的观赏价值。树叶富含单宁，可提制栲胶。种子可榨油，具有一定的经济价值。种子、枝、叶含多种植物碱，具有杀虫、润肺、疗痔、消积及防癌、抗癌、治癌等特殊药用功效，有较好的药用价值。已在主要种群分布地，如梵净山、武夷山建立了就地保护站点。

福建柏（建柏、滇柏）

Fokienia hodginsii（Dunn）A. Henry & H. H. Thomas

柏科 Cupressaceae

国家重点保护野生植物名录（第一批）Ⅱ级；
中国珍稀濒危保护植物名录（第一批）***级。

形态特征

常绿乔木，高达17 m，胸径达1 m。树皮紫褐色，光滑；有叶小枝扁平，三出羽状分枝。叶交互对生，四个成一节，二型：中央之叶楔状倒披针形，紧贴，先端三角形，小枝上面的叶蓝绿色，微凹，两侧具凹陷的白色气孔带；侧面的叶对折贴着中央叶的边缘，长椭圆形，长于中央之叶，背有棱脊。雌雄同株，雄球花单生小枝顶端，近球形。球果近球形，熟时褐色；种鳞6～8对，交互对生，盾形，顶部多角形，中央有小凸尖；能育种鳞各有2粒种子。花期3～4月，种子翌年10～11月成熟。

地理分布

我国广东（南岭国家级自然保护区有成片分布），浙江、福建、江西、湖南、贵州、广西、四川及云南。越南。

生态与生境

多散生于中亚热带至南亚热带的针阔混交林中，耐干旱瘠薄。适生于酸性或强酸性黄壤、红黄壤和紫色土。幼年能耐一定的庇荫，在林冠下能天然更新。在生境优越、水肥充足、土层深厚、排水良好的立地条件，生长迅速。对低温具有一定的耐寒能力。造林地宜选山坡中部以下缓坡及山洼等土层较厚的地方。

致濒危原因与繁殖方式

过度采伐、生境严重破坏和自然更新能力弱。以种子繁殖为主，出苗后可适当遮荫；另可用扦插和组培育苗（黄树军等，2013）。

保护价值与保护现状

为中国特有的单种属植物，在研究柏科植物系统发育方面有重要意义。其树形优美，树干通直，适应性强，生长较快，材质优良，是中国南方重要用材树种，又是庭园绿化的优良树种。可用于造林，还具有一定的药用价值。1955年福建省开始对福建柏进行大面积人工栽培，可作荒山绿化造林先锋树种（黄树军等，2013）。建议在本种分布较集中的湖南都庞岭等地建立自然保护区，其余地区应保护好现存母树，开展采种育苗。

仙湖苏铁

Cycas fairylakea D.Y. Wang

苏铁科 Cycadaceae

国家重点保护野生植物名录（第一批）I级；
CITES附录II；ESP。

形态特征

树干圆柱形，单生或者丛生，高可达1～2 m，叶痕宿存；鳞叶披针形；羽叶多数，幼叶锈色；羽片66～113对，平展，边缘平至微反卷，薄革质至革质，上面深绿色，有光泽，下面浅绿色，中脉两面隆起；小孢子叶球圆柱状长椭圆形，小孢子叶楔形，不育部分菱状椭圆形，密被褐色短绒毛，大孢子叶球半球形，密被黄褐色绒毛，后逐渐脱落，仅柄部有残留，顶片卵圆形至卵状披针形，边缘篦齿状深裂，侧裂片13～24枚，顶裂片钻形至披针形，明显长于侧裂片，扁球形，无毛，先端有短尖头；种子倒卵状球形至扁球形，黄褐色，无毛，中种皮具疣状突起。4～5月开花，种子8～9月成熟。

地理分布

曾在我国广东、广西、湖南和福建等地有分布。根据最新调查结果，现仅在广东省的深圳市、韶关市（曲江、乐昌）、清远市和福建省的诏安市发现有野生种群分布，个体数量已不足2000株。

生态与生境

喜潮湿环境，多生长于小溪或水沟边及附近，且多数生长于土层较肥厚的土壤中，在干旱贫瘠的环境较少见。常生长于光照中等，郁闭度适中的环境，有强光照的开阔地或极阴暗的密林下极少见（简曙光等，2005 a，2005 b）。

致濒危原因与繁殖方式

因有一定观赏价值被过度采伐，人类活动的干扰使其生境受到严重破坏，导致个体数量减少；开花个体少，缺少开雄花植株；种子不能萌发成幼苗，导致有性繁殖力低。以种子繁殖为主，兼无性繁殖，以球芽萌生为主（Jian et al，2006）。

保护价值与保护现状

为中国特有植物，在研究苏铁科及种子植物系统发育方面有重要意义。树形较优美，有一定观赏价值和药用价值。现仅在深圳市梅林水库建立了种群保护。

台湾苏铁 (闽粤苏铁、广东苏铁)

Cycas taiwaniana Carruth.

苏铁科 Cycadaceae

国家重点保护野生植物名录（第一批）I 级；
CITES 附录 II；ESP。

形态特征

茎直立，灰褐色，高可达 8 m；主干明显，无茎顶绒毛。鳞叶软，三角状披针形至披针形，长 5～10 cm。羽叶 20～50 枚，挺直，深绿色，两侧具刺 16～53 对，条形至线状披针形，革质，无毛，中脉两面突起；大孢子叶球椰菜型，9 月成熟后仍紧包；大孢子叶密被锈色绒毛，后渐脱落；顶片（不育部分）菱形至菱状卵圆形或卵圆形；顶裂片三角形至三角状披针形，边缘齿裂；侧裂片 24～38 枚。胚珠 4 枚。

地理分布

曾在我国福建、广东有分布，现仅在福建省平和县大溪镇坪塘村后山有一野生植株，高约 8 m，树龄在 100 年以上。在广东省仅在仙湖植物园和华南植物园有引种栽培植株。

生态与生境

常生长于光照中等、郁闭度适中的潮湿环境，多生长于土层较肥厚的季风常绿阔叶林下。

致濒危原因与繁殖方式

因有一定观赏价值被过度采伐，人类活动的干扰使其生境受到严重破坏；野生种群已灭绝，仅存 1 野生雌株；未见雄株和种子。无法进行有性繁殖，处于严重受威胁状况。以种子繁殖为主，兼无性繁殖，以球芽萌生为主（简曙光，2004）。

保护价值与保护现状

为中国特有的植物，在研究苏铁科及种子植物系统发育方面有重要意义。树形较优美，有一定观赏价值和药用价值。目前在我国南方地区的公园、庭园和路旁普遍栽培。

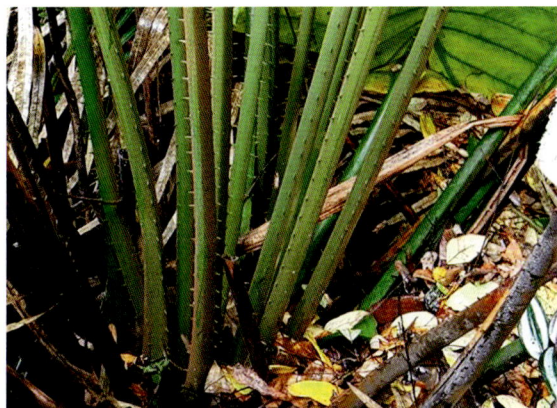

银杏（白果树、公孙树）

Ginkgo biloba L.

银杏科 **Ginkgoaceae**

国家重点保护野生植物名录（第一批）I级；
中国珍稀濒危保护植物名录（第一批）**级。

形态特征

落叶大乔木；枝近轮生，斜上伸展。叶互生，在长枝上辐射状散生，在短枝上3～5枚成簇生状，有细长叶柄，叶扇形，两面淡绿色，无毛，有多数叉状并列细脉，为"二歧状分叉叶脉"。雌雄异株，花单性，生于短枝顶端的鳞片状叶的腋内，呈簇生状。雄球花菜黄花序状，下垂，雄蕊排列疏松，具短梗，长椭圆形，药室纵裂，药隔不发；雌球花具长梗，梗端常分两叉，每叉顶生一盘状珠座，胚珠着生其上，通常仅一个叉端的胚珠发育成种子，内媒传粉。花期4月，种子10月成熟。

地理分布

自然地理分布范围很广，过去报道仅在我国浙江天目山有野生植株。据最新调查，在重庆金佛山、河南嵩县、广东南雄、湖北恩施和大洪山、贵州务川、盘县和杉坪等地也有野生银杏分布（Gong et al., 2008）。

生态与生境

为中生代孑遗的稀有树种，常生长于海拔500～1000 m水热条件较好的亚热带山地。为阳性树种，喜适当湿润而排水良好的深厚酸性（pH5～5.5）黄壤土。

致濒危原因与繁殖方式

自然分布范围窄，数量稀少，天然更新不好。再加上人为砍伐、生境破坏，导致濒危。种子、扦插、分株和嫁接繁殖。

保护价值与保护现状

有很高的观赏价值和生态价值。银杏果又名白果，营养丰富，有较高食用价值。种子、枝、叶等有很好的药用价值及较好的美容价值。已在野生种群分布地浙江天目山建立了就地保护站点，还需要在其他个体较多的野生种群建立就地保护站点（Gong et al, 2008）。目前广泛栽培于我国华北、西南、华南和东南等地。

油杉

Keteleeria fortunei (A. Murray bis) Carrière

松科 Pinaceae

中国珍稀濒危保护植物名录（第一批）***级。

形态特征

乔木，高达30 m，胸径达1 m；枝条开展，树冠塔形；一年生枝有毛或无毛，二、三年生时淡黄灰色或淡黄褐色。叶条形，在侧枝上排成两列，先端圆或钝，基部渐窄，上面光绿色，无气孔线，下面淡绿色，沿中脉每边有气孔线12～17条；幼枝或萌生枝的叶先端有渐尖的刺状尖头。球果圆柱形，成熟前绿色或淡绿色，微有白粉，成熟时淡褐色或淡栗色；鳞苞中部窄，下部稍宽，上部卵圆形，先端三裂，中裂窄长，侧裂稍圆，有钝尖头；种翅中上部较宽，下部渐窄。花期2～3月，种子成熟期10～11月。

地理分布

我国广东（连南、大埔、广州、廉江）、福建、广西、浙江。

生态与生境

多生长于海拔500 m以下的常绿阔叶林中。为深根系的阳性树种，喜暖湿气候，在酸性红壤或黄壤中生长较好。

致濒危原因与繁殖方式

人为干扰，生境破坏。种子繁殖。

保护价值与保护现状

具观赏、材用、科研和药用（消肿解毒）价值。尚未全部就地保护于自然保护区内，还需要建立一些保护小区进行保护。

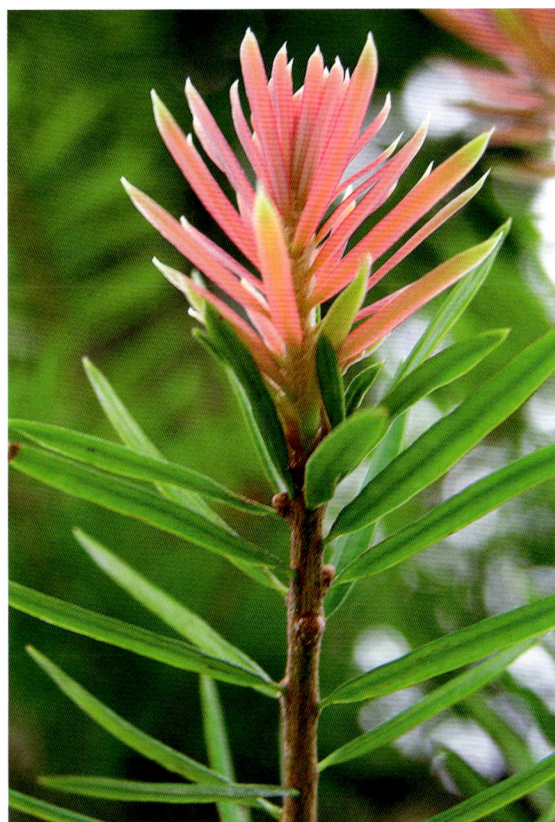

华南五针松（广东五针松、广东松）

Pinus kwangtungensis Chun & Tsiang

松科 **Pinaceae**

国家重点保护野生植物名录（第一批）Ⅱ级；
中国珍稀濒危保护植物名录（第一批）***级。

形态特征

常绿乔木，高达 30 m，胸径达 1.5 m。幼树树皮光滑，老树树皮褐色，厚，裂成不规则的鳞状块片；小枝无毛；冬芽茶褐色，微有树脂。针叶 5 针一束，边缘有疏生细锯齿，仅腹面每侧有4～5 条白色气孔线；横切面三角形，皮下层由单层细胞组成，树脂道 2～3 个，背面 2 个边生，有时腹面 1 个中生或无；叶鞘早落。球果柱状矩圆形或圆柱状卵形，通常单生，熟时淡红褐色，微具树脂；种鳞楔状倒卵形，鳞盾菱形，先端边缘较薄，微内曲或直伸；种子椭圆形或倒卵形。花期 4～5 月，球果翌年 10 月成熟。

地理分布

我国广东（韶关、东莞）、湖南、贵州及海南。

生态与生境

喜生于气候温湿、雨量多、土壤深厚、排水良好的酸性土及多岩石的山坡与山脊上，常与阔叶树及针叶树混生。在悬崖陡壁的严酷生境下较常见，可形成小片森林，并为群落的建群种。为阳性树种，天然更新受林分郁闭度的影响。在较密的森林中，天然更新困难。

致濒危原因与繁殖方式

生长缓慢、种子发芽率低，幼苗极少，属于衰退种群（周佑勋等，1993；王厚麟等，2007）。随着全球气候变暖部分地区已经消失（陶翠等，2012）。以种子播种繁殖为主，亦可用嵌接或腹接法繁殖。

保护价值与保护现状

中国特有树种，有重要的科学研究价值。木材质较好，亦可提取树脂，有较好的经济价值。在南岭自然保护区等地有成片分布，已繁殖了一批进行保育。

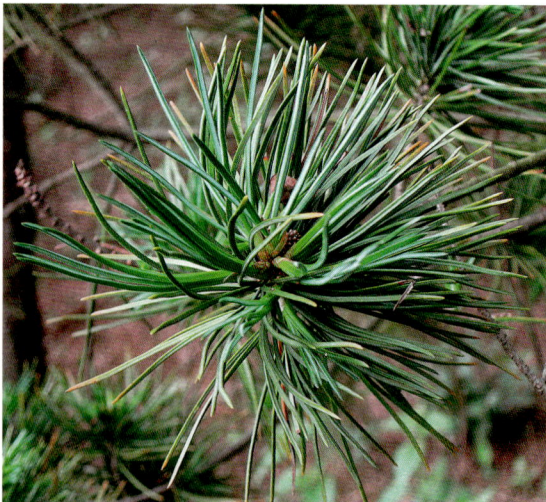

南方铁杉（铁杉、刺柏、华铁杉）

Tsuga chinensis（Franch.）Pritz.

松科 Pinaceae

中国珍稀濒危保护植物名录（第一批）***级。

形态特征

乔木，高达50 m；大枝平展，枝稍下垂，树冠塔形；一年生枝细，叶枕凹槽内有短毛。叶条形，排列成两列，先端钝圆有凹缺，上面光绿色，下面淡绿色，中脉隆起无凹槽，气孔带灰绿色，边缘全缘，下面初有白粉，老则脱落；球果卵圆形或长卵圆形，具短梗；苞鳞倒三角状楔形或斜方形，上部边缘有细缺齿，先端二裂；种子下表面有油点，种翅上部较窄；初生叶条形，有两条白色气孔带，叶缘在1/3～1/2以上具齿毛状锯齿。花期4月，球果10月成熟。

地理分布

我国广东（乐昌、乳源、阳山）、安徽、浙江、福建、广西、湖南、贵州、甘肃、河南、湖北、江西、陕西、四川、西藏、云南。

生态与生境

为中亚热带至北热带暖性针叶树种，多生长于雨量多、云雾重、湿度大的中高山上部；喜深厚肥沃的酸性土壤。

致濒危原因与繁殖方式

人为砍伐导致数量急剧减少。种子繁殖。

保护价值与保护现状

数量少。有科研价值和材用价值。已在广东南岭、福建武夷山、浙江凤阳山、九龙山、湖南莽山及广西猫儿山等产地建立自然保护区。

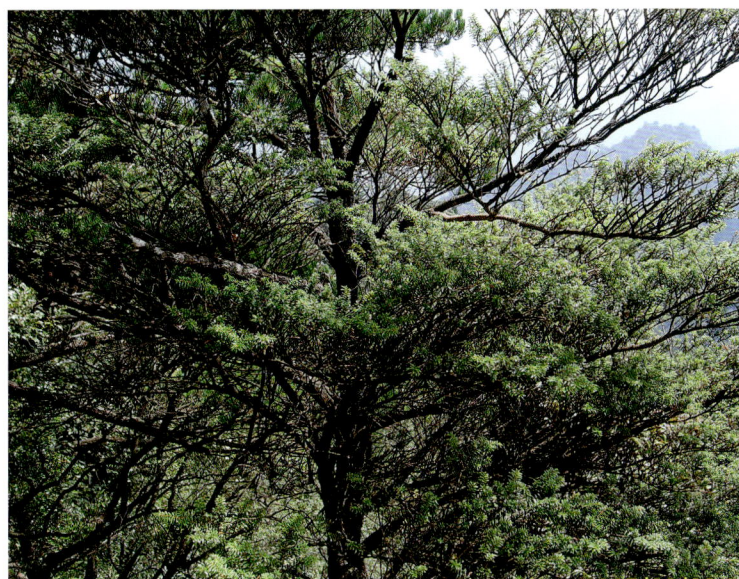

长苞铁杉

Tsuga longibracteata W. C. Cheng

松科 **Pinaceae**

中国珍稀濒危保护植物名录（第一批）***级。

形态特征

常绿乔木，高达 30 m，具平展常稍下垂的枝条；枝具隆起的叶枕；冬芽卵圆形，芽鳞宿存。叶辐射伸展，线形，先端尖或微钝，上面平或近基部微凹，具 7～12 条气孔线，微具白粉，下面沿中脉两侧有灰白色气孔带。雄球花单生叶腋；雌球花单生侧枝顶端，直立，苞鳞大于珠鳞。球果圆柱形，直立；成熟时红褐色，种鳞近斜方形，先端宽圆，下部两侧突出，基部两侧耳状；苞鳞近匙形，先端尖，稍外露；种子三角状扁卵圆形，种翅较种子为长，上部宽，先端圆。花期 3～4 月，种子成熟期 10～11 月。

地理分布

我国广东（乳源、连县）、福建、江西、广西、湖南、贵州等地。

生态与生境

多生于海拔 1000～1900 m 林中，常呈斑块状分布。阳性树种，天然整枝良好，林下常见更新的幼树，幼树比中龄树耐荫蔽。对土壤水肥条件要求不高，耐干旱、瘠薄。分布区主要在中亚热带（个别可到南亚热带）的中山地带，气候温凉潮湿，雨量充沛，云雾大。土壤为酸性黄壤和黄棕壤。多生于坡度 30° 以上的山脊或山坡向阳处，能适应岩石裸露、土层较浅的岩隙地，但在土层深厚肥沃之地生长更好。

致濒危原因与繁殖方式

由于资源少，自然更新困难，加上人为砍伐破坏，有沦为渐危状态的危险。种子繁殖。

保护价值与保护现状

长苞铁杉是中国特有的起源古老的第三纪孑遗植物，在中国分布范围狭窄，贵州梵净山是其模式产地。长苞铁杉是大果铁杉组 Sect. Hesperopeuce 分布于中国的唯一代表种类，形态极其特殊，有别于国产各种铁杉，对研究东亚、北美植物区系和铁杉属系统分类有一定科学意义。该物种树干高大通直，结构细致，硬度中等，耐水湿，材质优良，用途广，经济价值高，有较高的保护价值。建议在湖南黄桑、莽山和广西苗儿山、大明山以及贵州梵净山等地的自然保护区内加强保护，其他分布点也应采取积极保护措施，加强经营管理，促进自然更新。

长叶竹柏

Podocarpus fleuryi Hickel

罗汉松科 **Podocarpaceae**

中国珍稀濒危保护植物名录（第一批）***级。

形态特征

乔木。叶交叉对生，宽披针形，质地厚，无中脉，有多数并列的细脉，上部渐窄，先端渐尖，基部楔形，窄成扁平的短柄。雄球花穗腋生，常3～6个簇生于总梗上，药隔三角状，边缘有锯齿；雌球花单生叶腋，有梗，梗上具数枚苞片，轴端的苞腋着生1～2（3）枚胚珠，仅1枚发育成熟，上部苞片不发育成肉质种托。种子圆球形，熟时假种皮蓝紫色。花期3～4月，种子成熟期10～11月。

地理分布

我国广东（高要、增城、龙门）、云南、广西。越南、柬埔寨。

生态与生境

常散生于海拔800～900 m的常绿阔叶林中。中性偏阴树种，在林冠荫蔽下能正常生长，喜湿和深厚土壤。

致濒危原因与繁殖方式

人为砍伐及生境丧失致濒危。主要通过种子萌发繁殖。

保护价值与保护现状

树形优美，木材较好。目前已在南昆山自然保护区进行就地保护。

鸡毛松（爪哇罗汉松）

Podocarpus imbricatus Blume

罗汉松科 Podocarpaceae

中国珍稀濒危保护植物名录（第一批）***级。

形态特征

乔木，高达30 m，树干通直；枝条开展或下垂，小枝密生。叶异型，螺旋状排列，下延生长，两种类型之叶往往生于同一树上；老枝及果枝上之叶呈鳞形或钻形。雄球花穗状，生于小枝顶端；雌球花单生或成对生于小枝顶端，通常仅1个发育。种子无梗，卵圆形，有光泽，成熟时肉质假种皮红色，着生于肉质种托上。花期4月，种子10月成熟。

地理分布

我国广东（肇庆、阳春、封开、信宜）、海南、广西、云南。越南、菲律宾、印度尼西亚。

生态与生境

喜光，耐阴；喜温暖、湿润的环境；耐瘠薄；喜土层深厚、质地疏松且富含有机质的土壤。

致濒危原因与繁殖方式

人为砍伐致濒。种子和扦插繁殖。

保护价值与保护现状

该种是罗汉松属鸡毛松组Sect.*Dacrycarpus* Endl.分布在中国的唯一代表，是海南中部山地雨林的标志种，对研究植物区系及罗汉松属分类、分布有重要意义。其叶簇朴雅，树姿优美，为庭园美化的优良树种；木材材质好，为海南的主要用材种和造林树种之一。在海南已建立自然保护区。

百日青（璎珞松、竹叶松）

Podocarpus neriifolius D. Don

罗汉松科 Podocarpaceae

CITES附录Ⅲ。

形态特征

常绿乔木，一般高可达30 m；树皮灰褐色，浅纵裂；枝条轮生，开展。叶披针形，厚革质，常微弯，先端具渐尖的长尖头，基部楔形，有短柄，上面中脉显著地隆起，下面微隆起或近平。雌雄异株；雄球花穗状，单生或2～3个簇生，基部有多数螺旋状排列的苞片。雌花球穗腋生，单个；种子卵形或卵球形，熟时肉质的假种皮紫红色，肉质种托橙红色。花期5月；果期8～11月。

地理分布

我国广东（乳源、乐昌、连州、连山、连南、阳山、仁化、英德、和平、连平、龙门、怀集、罗定、信宜、阳江、阳春、封开）、香港、海南、浙江、江西、福建、台湾、湖南、贵州、四川、西藏、云南、广西。尼泊尔、印度、不丹、缅甸、柬埔寨、越南、泰国、老挝、马来西亚、印度尼西亚、文莱、巴布亚新几内亚、菲律宾以及所罗门群岛和斐济等太平洋群岛。

生态与生境

生于海拔400～1000 m的热带和亚热带常绿阔叶林中。

致濒危原因与繁殖方式

人为盗挖致濒。种子繁殖（靳丹娅等，2012；钟萍等，2013）。

保护价值与保护现状

属珍稀物种，木材硬度中等，可供家具、乐器、文具及雕刻等用，枝叶和根可入药，也适于庭园栽培和景观林带种植。目前基本为就地保护。

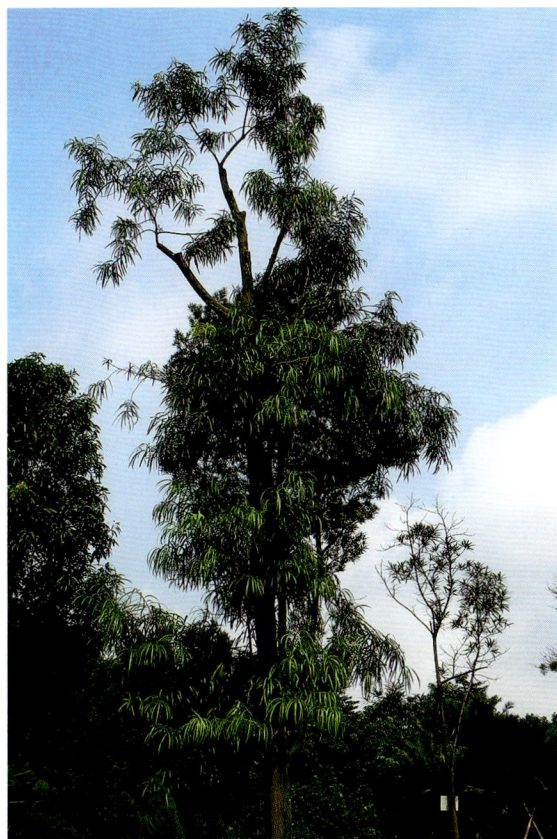

穗花杉

Amentotaxus argotaenia（Hance）Pilg.

红豆杉科 **Taxaceae**

中国珍稀濒危保护植物名录（第一批）***级。

形态特征

灌木或小乔木，高达7 m；小枝斜向上伸展，一年生枝绿色。叶基部扭转成两列，条状披针形，直或微弯镰状，有极短的叶柄，下面白色气孔带与绿色边带等宽或较窄。雌雄异株，雄球花交互对生，排成穗状；雌球花生于当年生枝的叶腋或苞腋，有6~10对交互对生的苞片，胚珠单生。种子椭圆形，成熟时假种皮鲜红色，顶端有小尖头露出。花期4~5月，种子翌年5~6月成熟。

地理分布

我国广东（乐昌、连山、阳山、英德、龙门、博罗、新丰、封开、高要、增城、东莞、惠东）、香港、江西、湖北、湖南、四川、西藏、甘肃、广西。

生态与生境

主要生长于海拔500~1800 m的中至南亚热带常绿阔叶林林下。为阴性树种，喜气候温凉潮湿的生境。

致濒危原因与繁殖方式

因过度砍伐而致濒危。种子或扦插繁殖。

保护价值与保护现状

具科研、园林、药用价值。已在一些分布区内建有保护小区。

白豆杉

Pseudotaxus chienii（W. C. Cheng）W. C. Cheng

红豆杉科 **Taxaceae**

国家重点保护野生植物名录（第一批）Ⅱ级；
中国珍稀濒危保护植物名录（第一批）＊＊级。

形态特征

小乔木或灌木；树皮灰褐色，裂成条片状脱落；一年生小枝圆，近平滑，稀有细小瘤状突起，黄褐色或黄绿色，基部有宿存的芽鳞。叶条形，排列成两列，直或微弯，先端凸尖，基部近圆形，有短柄，两面中脉隆起，上面光绿色，下面有两条白色气孔带，较绿色边带为宽或几等宽。种子卵圆形，上部微扁，顶端有凸起的小尖，成熟时肉质杯状假种皮白色，基部有宿存的苞片。花期3～4月，种子成熟期9～10月。

地理分布

我国广东（乐昌、乳源）、浙江、江西、湖南、广西。

生态与生境

阴性树种，生长于亚热带中山地的林下。气候温凉湿润，云雾重，光照弱，山地黄壤，强酸性，肥力较高。根系发达，岩缝内也可扎根，但成丛生灌木。幼年生长缓慢。

致濒危原因与繁殖方式

个体稀少，雌雄异株，生长于林下的雌株往往不能正常授粉，天然更新困难。以种子繁殖为主，也可扦插繁殖。

保护价值与保护现状

是中国第三纪残遗的单种属植物，对研究植物区系与红豆杉科系统发育有重要科学研究价值。树形优美，四季常青；肉质白色的假种皮，果熟时珍珠般雪白晶莹透亮，有较好的观赏价值。枝、叶、皮用于提取抗癌药物紫杉醇等，有较好的药用价值。已实现就地保护。

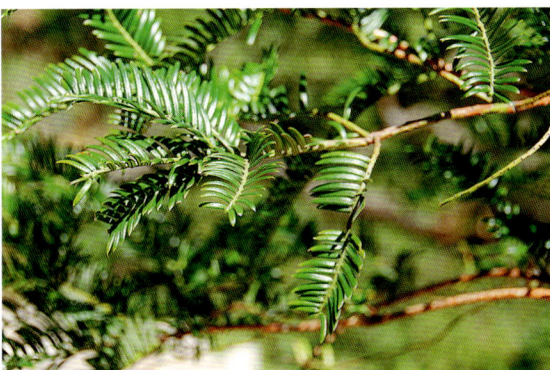

南方红豆杉（美丽红豆杉、杉公子）

Taxus wallichiana var. *mairei*（Lemée & H. Lév.）L. K. Fu & N. Li

红豆杉科 Taxaceae

国家重点保护野生植物名录（第一批）I级；CITES附录II。

形态特征

常绿乔木，高达30 m，胸径达1 m。树皮灰褐色或暗褐色，条状脱落；大枝开展，小枝互生。叶螺旋状着生，排成二列，弯镰状条形，上部渐窄，先端渐尖，下面中脉上常具乳头状突起，中脉带明显，下面有两条黄色气孔带。雌雄异株，球花单生叶腋；雄球花淡黄色，雄蕊多数，雌球花的胚珠单生于花轴上部侧生短轴的顶端。种子扁卵圆形，生于杯状红色肉质的假种皮中，种脐常呈椭圆形。花期5~6月，种子9~10月成熟。

地理分布

我国广东（乐昌、乳源、连州、连山、连南、仁化、怀集）、贵州、云南、安徽、浙江、台湾、福建、江西、广西、湖南、湖北、河南、陕西、甘肃、四川、贵州及云南。

生态与生境

常生于海拔1000~1200 m以下的山地林中。自然分布多零星散生，喜湿润微酸性粘质土壤，多生长在山地中下部及沟谷旁（陈如平，2014）。在肥沃、疏松、排水良好的酸性土壤条件下生长旺盛（茹文明等，2006）。

致濒危原因与繁殖方式

典型的阴性树种，对温度、光照、湿度的要求较严，对海拔、坡向等因素的变化也较为敏感。人为盗采致野生植株少见（游鸿志等，2009）。可采用种子、扦插和组织培养繁殖（刘戈飞，2006）。

保护价值与保护现状

是第四纪冰川遗留下来的古老树种，有"植物黄金"之称，是世界公认的濒临灭绝的天然珍稀抗癌植物和珍贵药用树种，还是材用和园林树种（陈如平，2014）。以就地保护为主，广东乳源已建立了"南方红豆杉森林公园"，但仍常见偷伐以及割树皮等破坏现象（饶卫芳，2008）。广东连州田心省级自然保护区于2005年以来采用种子育苗为主，扦插育苗为辅，繁育了4万多株种苗。在广州市场有较多苗木供应。

水松

Glyptostrobus pensilis（Staunton ex D. Don）K. Koch

杉科 Taxoidaceae

国家重点保护野生植物名录（第一批）I级；
中国珍稀濒危保护植物名录（第一批）**级；
ESP。

形态特征

半常绿乔木，高8～10 m。树干基部膨大成柱槽状，并且有伸出土面或水面的呼吸根，干基直径达60～120 cm，树干有扭纹；树皮褐色，纵裂成不规则的长条片状脱落；枝条稀疏；叶多鳞形、较厚，螺旋状着生于主枝上，有白色气孔点，冬季不脱落；线形叶两侧扁平，常排成2列，淡绿色，背面中脉两侧有气孔带；线状钻形叶两侧扁，背腹隆起，先端渐尖或尖钝微向外弯，辐射伸展或排成3列状；线形叶及线状钻形叶均于冬季连同侧生短枝一同脱落。球果倒卵形；种子椭球形，下端有长翅。花期2～3月，果期9～10月。

地理分布

我国广东（珠江三角洲）、江西、湖南、广西、福建、云南。越南、老挝。

生态与生境

多生于水边或湿生环境中。喜光，喜温暖湿润的气候和水湿环境，不耐低温和干旱。

致濒危原因与繁殖方式

因生境破坏严重，现存植株多零星生长（Li et al., 2004）。种子萌发较容易。

保护价值与保护现状

具有其独特的观赏、材用和药用（具有利水消肿、杀虫解毒之功效）价值。目前部分地区已对现存大树和古树有就地保护措施，还需进行大量繁殖栽培扩大种群。

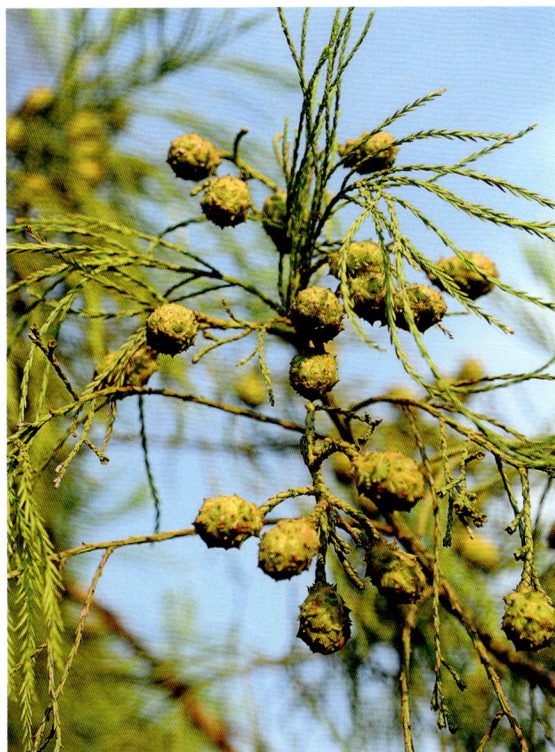

（三）被子植物 Angiospermae

扣树（苦丁茶）

Ilex kaushue S. Y. Hu

冬青科 Aquifoliaceae

ESP。

形态特征

常绿乔木，高 8 m，顶芽被短柔毛。叶生于 1~2 年生枝上，叶片革质，长圆形至长圆状椭圆形，边缘具重锯齿或粗锯齿，叶面亮绿色，疏被微柔毛，侧脉两面显著，细脉网状，两面密而明显；托叶早落。聚伞状圆锥花序或假总状花序生于当年生枝叶腋内，基部具阔卵形或近圆形苞片，具缘毛；每聚伞花序具 3~4 花，花梗阔卵状三角形，膜质；花瓣 4，卵状长圆形；雄蕊 4，短于花瓣，花药椭圆形；不育子房卵球形。果序假总状，被短柔毛或变无毛；果球形，成熟时红色。花期 5~6 月，果期 9~10 月。

地理分布

零星分布于我国广东北部和东部。

生态与生境

生于海拔 1000~1200 m 的密林中。

致濒危原因与繁殖方式

野生植株多单株散生于低山丘陵次生阔叶林和低地雨林中，种群数量稀少，是一种综合型深休眠种子，种胚从形态到生理均未成熟，因而种子发芽十分困难，且有隔年发芽的特点。种子或扦插繁殖。

保护价值与保护现状

为我国特产，是中国、东南亚地区最为广泛的代茶饮料（苦丁茶），能清热解毒，治痞气、感冒、腹痛、疟疾、咽喉肿痛及其他炎症，对降血压降血脂有明显的效果。野生植株就地保护并已开展了人工种植（曾沧江，1981；俸宇星等，1998；陈书坤等，1999；王玉国，2000，2001）。

驼峰藤

Merrillanthus hainanensis Chun & Tsiang

萝藦科 **Asclepiadaceae**

国家重点保护野生植物名录（第一批）**II**级。

形态特征

木质藤本。叶膜质。聚伞花序，腋生；花冠裂片的顶端向内粘合；花萼裂片卵圆形，具缘毛，花萼内面有5个小腺体；花冠黄色，辐状或近辐状，5裂至中部；副花冠5裂，肉质，着生于合蕊冠上；花药顶端的透明膜片近卵形，覆盖柱头；子房无毛，柱头平扁，基部盘状。蓇葖果，单生，大形纺锤状；种子卵圆形或近圆形，顶端具白色绢质种毛。花期3~4月，果期5~6月。

地理分布

我国广东（中山、高要、信宜、封开）、海南。缅甸。

生态与生境

生于低海拔至中海拔山地林谷中。

致濒危原因与繁殖方式

野外分布点少，生境质量持续下降。在近5年对高要分布点的调查中，没有发现野生植株。

保护价值与保护现状

单种属植物，在研究夹竹桃科植物系统演化方面具有重要的科研价值（蒋谦才等，2007）。就地保护为主。

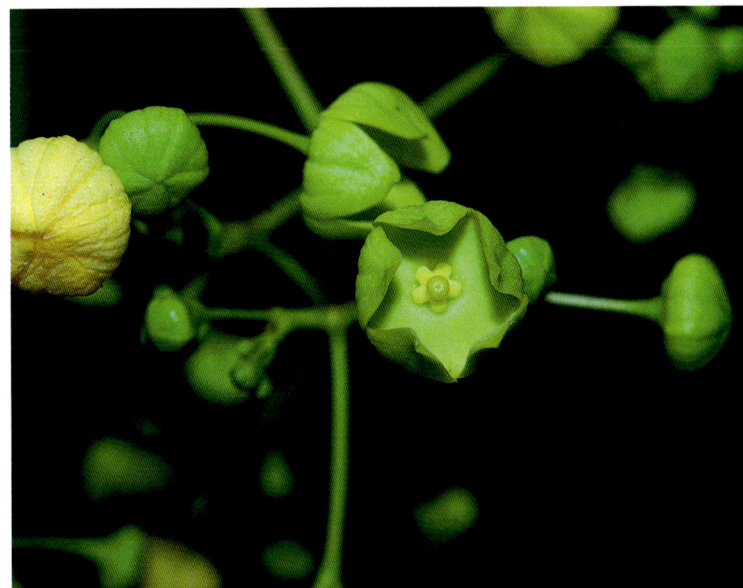

八角莲

Dysosma versipellis（Hance）M. Cheng ex T. S. Ying

小檗科 **Berberidaceae**

中国珍稀濒危保护植物名录（第一批）***级。

形态特征

多年生草本，高40～150 cm。根状茎粗壮，横生，多须根；茎直立，不分枝，淡绿色，无毛。叶茎生，2枚；叶片薄纸质，盾状近圆形，4～9掌状浅裂；裂片阔三角形；叶脉明显隆起，中脉自中部放射而出，叶缘具细齿。花两性，5～8朵组成伞形花序簇生于叶基部不远处；花梗纤细，下垂；萼片6枚，外面有疏长毛；花深红色，花瓣6枚，勺状倒卵形；雄蕊6枚；子房上位。浆果椭圆形。种子多数。花期3～6月，果期5～9月。

地理分布

我国广东（博罗、乐昌、乳源、信宜、阳春、封开、高要）、湖南、湖北、浙江、江西、安徽、广西、云南、贵州、四川、河南、陕西。

生态与生境

通常呈小片状、零星状阴生于山坡林下、灌丛中、溪旁阴湿处、竹林下或石灰山常绿林下，属喜阴植物。常生长于偏酸性、有机质丰富、透水性良好的土壤中。

致濒危原因与繁殖方式

药用价值较高，人为滥挖乱采现象很严重，加上自身生殖机制的限制和阴暗潮湿的森林生境遭到人类强烈破坏，野外分布地区和数量锐减（周新闻，2002）。种子繁殖或块茎繁殖（韦蓉静等，2012）。

保护价值与保护现状

根状茎中鬼臼毒素含量相对较高，具有显著的抗癌活性；以其根状茎和根入药，具有清热解毒、抗毒蛇咬伤、祛痰散结的功效，具有很高的药用价值。另外本种是很好的观叶观果植物（张燕等，2012，2013）。2007年，八角莲的人工栽培取得了初步的成功（由金文等，2007）。

伯乐树（钟萼木）

Bretschneidera sinensis Hemsl.

伯乐树科 Bretschneideraceae

国家重点保护野生植物名录（第一批）I级；
中国珍稀濒危保护植物名录（第一批）**级。

形态特征

落叶乔木，高达20 m；树皮灰褐色；小枝有较明显的半月形皮孔。奇数羽状复叶，小叶7～15片，纸质或革质，狭椭圆形，菱状长圆形，长圆状披针形或卵状披针形，略偏斜，全缘，叶面绿色，无毛，叶背粉绿色或灰白色，有短柔毛。总状花序顶生，花萼5，钟形，花瓣5，白色至粉红色，阔匙形或倒卵楔形，顶端浑圆，无毛，内面有红色纵条纹。蒴果椭圆球形，近球形或阔卵形；种子橙红色，椭圆球形，平滑。花期3～9月，果期5月至翌年4月。

地理分布

我国广东（韶关、清远、广州、惠州）、海南、广西、湖南、江西、福建、台湾、浙江、湖北、贵州、云南和四川。越南、泰国北部地区。

生态与生境

伯乐树常散生于海拔500～2000 m湿润的沟谷坡地或溪旁的常绿、落叶阔叶林中，多属少见、偶见成分。中性偏阳树种，幼苗喜中等荫蔽环境，不耐高温，深根性，抗风力较强，生长缓慢。

致濒危原因与繁殖方式

濒危原因包括历史地理作用、植物自身特性、外界人为干扰等方面的影响。历史时期的地质历史变迁和冰期作用使伯乐树呈间断分布；伯乐树现有母树资源少，开花数量少，为虫媒异花传粉，雌蕊先熟，花期短，传粉效率低，使得结实率较低（Qiao et al.，2012），由于其根尖无根毛，一年生幼苗易受各种因素影响而致其死亡，导致其天然更新困难（乔琦等，2011）；人类活动的干扰也导致了伯乐树的濒危。伯乐树主要采取种子繁殖，其种子为短命型种子，需每年采集新种子，采种后用湿沙储藏至春播。以伯乐树引种的二年生实生苗春芽的顶芽为外殖体的组织培养也取得了一定的成功。

保护价值与保护现状

为我国特有的单种科、单种属植物，为第三纪古热带植物区系的孑遗种，在研究被子植物的系统发育和古地理、古气候等方面有重要科研价值。是优美的庭园观赏树种，也是优良的家具用材，同时可以改良土壤、涵养水源等（冯倩等，2012）。近几年，国内展开了对伯乐树的保护生物学研究，取得了一定进展。伯乐树遗传多样性水平较高，种群间遗传分化显著，进化潜力大，应加强对其保护（徐刚标等，2013；Hu et al.，2014）。目前，国内对于伯乐树的保护，主要是在其分布区建立保护区，而未受到保护的地区，伯乐树处于自生自灭状态。多年来中国科学院华南植物园培育出幼苗6000余棵，并于2008年9月在南昆山举办了关于伯乐树保护的专题研讨会，还根据伯乐树伴生群落特征在适宜的地带再引入了500棵异龄的伯乐树幼苗，以改善种群的龄级结构和促进种群恢复（乔琦等，2010）。

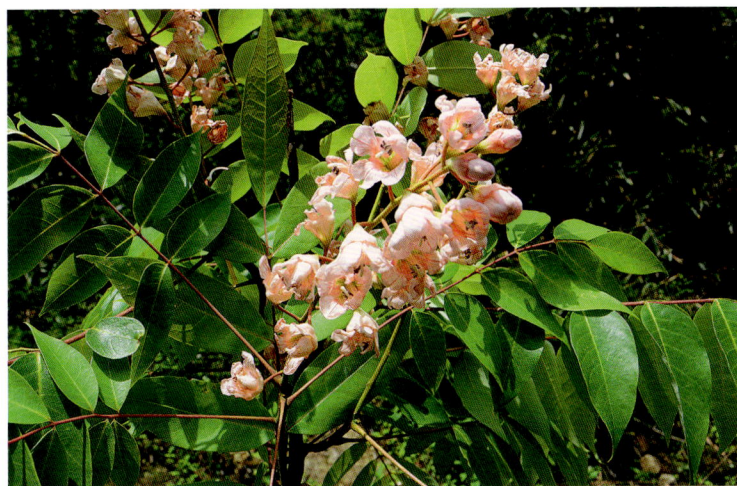

莼菜

Brasenia schreberi J. F. Gmel.

莼菜科 **Cabombaceae**

国家重点保护野生植物名录（第一批）I 级。

形态特征

多年生水生草本；浮生在水面或潜在水中，嫩茎和叶背有胶状透明物质；根状茎具叶及匍匐枝，后者在节部生根，并生具叶枝条及其他匍匐枝。叶椭圆状矩圆形，两面无毛，从叶脉处皱缩；叶柄有柔毛。花暗红色；萼片及花瓣条形，先端圆钝；花药条形；心皮条形，具微柔毛。坚果矩圆卵形，有3个或更多成熟心皮；种子1～2，卵形。花期6月，果期10～11月。

地理分布

我国常见于江苏、浙江、江西、湖南、湖北、四川、云南等省，近年在广东南岭自然保护区发现野生居群。

生态与生境

生于池塘、河湖或沼泽等水体中，生长环境极为讲究，喜阳光、温暖、洁净无污染的清水。

致濒危原因与繁殖方式

水体污染造成的生境破坏及生境丧失是致濒的主要原因；同时，由于其极大的经济价值，过度采挖导致野生居群减少（高邦权，2006）。无性和有性繁殖均可成功；茎株再生能力很强，人工扦插的营养繁殖效率最高。

保护价值与保护现状

具有重要的经济价值，嫩叶可供食用，为中国传统的地方名菜，有"太湖八仙"之一的美誉，亦可入药，有清热、利水、消肿、解毒的功效（高邦权，2006）；也是被子植物基部类群之一的莼菜属的唯一成员，具有重要的科研价值（胡光万，2004）。主要是就地保护和人工种植。

粘木（华粘木、山子犁）

Ixonanthes reticulata Jack

古柯科 Erythroxylaceae

形态特征

常绿灌木或乔木，高4～20 m。单叶互生，纸质，无毛，椭圆形至长圆形，基部阔楔形，顶端锐尖或圆而微凹缺，全缘；表面中脉凹陷；二歧或三歧聚伞花序，生于枝近顶部叶腋内；花小，白色，花瓣5枚；萼片5枚，卵状长圆形或三角形；花盘杯状；雄蕊10，伸出花冠外。蒴果卵状椭圆形，顶部短尖，黑褐色，室间5裂，室背有纵纹凹陷。种子长圆形，有膜质种翅。花期5～6月，果期6～10月。

地理分布

我国广东（乐昌、连山、阳山、英德、龙门、五华、大埔、丰顺、饶平、揭阳、揭西、陆河、惠东、博罗、增城、深圳、香港、珠海、高要、广宁、德庆、封开、新会、台山、阳春、化州、廉江、茂名、海康）、海南、广西、福建、湖南、云南、贵州。越南。

生态与生境

生于中、低海拔的路旁、山谷、溪旁、丘陵和疏密林中。土壤多为砖红壤性红壤或砖红壤性黄壤，土层深厚。在海拔较低的疏林中，幼苗、幼树较常见，但在海拔较高的林中，林下幼苗和幼树极少。

致濒危原因与繁殖方式

森林被人为过度砍伐，其生境遭受严重破坏，现分布范围日益缩小，已陷入濒危的境地（傅立国，1992），天然更新不良。播种繁殖。

保护价值与保护现状

木材纹理通直，结构细致，加工容易，不易变形，为优良用材树种，适合建筑。株形美观，可供观赏。亦是研究该科的系统发育、植物区系等的重要材料。在阳春市鹅凰嶂自然保护区、封开黑石顶自然保护区、英德石门台自然保护区等地得到较好的保护。

华南锥

Castanopsis concinna（Champ. ex Benth.）A. DC

壳斗科 **Fagaceae**

国家重点保护野生植物名录（第一批）Ⅱ级；
中国珍稀濒危保护植物名录（第一批）***级。

形态特征

乔木。单叶对生，叶革质，椭圆形或长圆形，有时兼有倒披针形。雌雄异花，雄花序通常单穗腋生，或为圆锥花序，雄蕊10～12枚；花柱常3～4枚。壳斗有1坚果，壳斗圆球形，整齐的4瓣开裂，被微柔毛；坚果扁圆锥形，密被短伏毛。花期4～5月，果熟期9～10月。

地理分布

我国广东（乳源、连山、英德、平远、博罗、肇庆、广宁、新会、阳春、阳江、信宜、湛江）、海南、香港、广西。

生态与生境

生于红壤丘陵坡地常绿阔叶林中。自然种群较小，少见。

致濒危原因与繁殖方式

自然分布很窄，生境颇为特殊。果实可食，不仅被人们大量采集，而且常被鼠类等动物猎食及多种昆虫蛀食，天然林下种群更新困难。另外，其木材质优色艳，也常遭滥伐。种子自然条件下萌发困难。

保护价值与保护现状

种仁富含淀粉及少量糖分，可作木本粮食。是家具，器械，建筑的优良用材。就地保护为主，目前已有人工种子繁育。

吊皮锥（格氏栲、青钩栲）

Castanopsis kawakamii Hayata

壳斗科 Fagaceae

中国珍稀濒危保护植物名录（第一批）***级。

形态特征

乔木，树皮纵向带浅裂，老树皮脱落前为长条。叶卵形或披针形，全缘。雄花序多为圆锥花序，花序轴被疏短毛；雌花序无毛，花柱3或2枚。果序短，壳斗有坚果1个，圆球形，合生至中部或中部稍下成放射状多分枝的刺束，将壳壁完全遮蔽；坚果扁圆形，密被黄棕色伏毛。花期3～4月，果期8～11月。

地理分布

我国广东各地市均有分布，但野生大植株较少。

生态与生境

生于海拔约1000 m以下山地疏林或密林中。常为常绿阔叶林的上层树种，老年大树有板根。

致濒危原因与繁殖方式

由于果熟时大多被鸟、鼠搬食，郁闭度较高的森林群落抑制了吊皮锥苗木的生长，具明显的断代现象，自然更新不良，为衰退种群（黄川腾等，2010）。种子育苗（黄菊胜，2009）。

保护价值与保护现状

为第三纪孑遗植物，其形态特征与栗属相近，对植物区系、植物地理和壳斗科分类的研究有科学价值。其果大、味甜，可食用；木材坚实耐腐，纹理美观，是良好用材树种，同时也是营造纯林和混交林的优良树种。采用适当的疏伐或有选择地保留幼苗等人为手段，可促进自然种群的更新，其适应性强，育苗造林容易，成活率高，是一种比杉木更优良的碳汇人工林树种。目前，吊皮锥多零星分布于保护区内。

报春苣苔

Primulina tabacum Hance

苦苣苔科 Gesneriaceae

国家重点保护野生植物名录（第一批）I级；ESP。

形态特征

多年生草本。叶基生。聚伞花序伞状，1～2回分枝；花细筒形；花萼5深裂；花冠紫色，花冠筒不明显二唇形；能育雄蕊2枚，着生于花冠筒近基部，花丝近丝状，花药长圆形；退化雄蕊3，不明显；花盘由2近方形的腺体组成；雌蕊被短柔毛，子房狭卵形；柱头2浅裂。蒴果长椭圆球形；种子暗紫色，狭圆球形。花期8～10月，果期10～11月。

地理分布

我国广东相对集中分布点2个：连州东陂镇和星子镇。零星分布于乐昌、阳山石灰岩溶洞，但2010年复查未发现。在湖南永州和广西贺州有分布，最近报道江西婺源也有分布。

生态与生境

生于海拔约300 m的石灰岩山地洞口或阴湿的石壁上。地理分布狭小、野外种群数量极少（数量级为千级）、其不同居群间遗传多样性不同。

致濒原因与繁殖方式

生态旅游、农业活动等人为干扰导致其生境干燥，土壤退化，伴生植被消失，进而导致种群衰退。其传粉方式为花瓣脱落传粉方式。种子不易萌发，以叶片作为外植体的组织培养和全叶扦插营养繁殖获得成功。

保护价值与保护现状

可作药用植物和观赏植物，也具有重要的科研价值。已在主要种群分布地广东连州田心自然保护区上柏场建立了就地保护站点；在华南植物园建立了迁地保护点及组培体系；利用生物技术与生态恢复技术集成方法在广东省连州市地下河、田心自然保护区等地建立了回归种群，回归时要注意其伴生苔藓植物的恢复与湿生生境的营造（Ren et al., 2010）。

酸竹

Acidosasa chinensis C.D. Chu & C.S. Chao ex Keng f.

禾本科 Gramineae

形态特征

竿高8 m，直径3～5 cm；竿绿色，幼时密被短刺毛，后脱落而留毛痕；竿中部节间长约20 cm，每节分3枝，有时5枝，无明显主枝。笋顶端扁平；箨鞘质脆，褐红色，背部被有易落的短刺毛，疏生斑点，边缘生纤毛，小横脉明显；无箨耳和鞘口繸毛；箨舌短，先端拱形，具流苏状短纤毛；箨片小型。每小枝有小叶2～5片；叶鞘无毛。花枝顶生；苞片细小，三角形；小穗以3～5枚组成总状或圆锥花序，小穗粗大，含小花8～9朵。笋期4～5月，花期10月。

地理分布

我国广东（阳春）。

生态与生境

生于海拔700 m左右山区，疏林下或开旷地。

致濒危原因与繁殖方式

由于环境的变迁，部分酸竹林相继开花死亡，天然生长的幼苗在自然状态下生长较慢，淘汰率高。再加上人为挖掘竹笋，导致种群数量越来越小。在大量酸竹开花之机，可采收种籽进行大田实生苗培育繁殖。

保护价值与保护现状

其竿圆满通直，腔大壁薄，竹节较长，可制作笛子、鱼竿；竿可供造纸或篾用；笋可食用或加工成腌制品，味酸，故名酸竹。目前生长在阳春鹅凰嶂自然保护区河尾山，受到较好的保护。

药用野生稻

Oryza officinalis Wall. ex G. Watt

禾本科 Gramineae

国家重点保护野生植物名录（第一批）Ⅱ级；
中国珍稀濒危保护植物名录（第一批）＊＊级。

形态特征

多年生草本。秆直立或下部匍匐，基部2～3节具不定根。叶片宽大，线状披针形，边缘具锯齿状粗糙。圆锥花序大型，基部常为顶生叶鞘所包，3～5枚着生于各节，具细毛状粗糙，腋间生柔毛；小穗柄粗糙；顶端具2枚半月形退化颖片；小穗黄绿色或带褐黑色，成熟时易脱落，不孕外稃线状披针形，边缘有细纤毛，成熟花外稃阔卵形，脉纹粗厚隆起，脊上部或边脉生疣基硬毛，表面疣状突起；芒自外稃顶端伸出，具细毛；内外稃同质，脊疏生疣基硬毛。颖果扁平，红褐色。

地理分布

我国广东（徐闻）、海南、广西、云南。印度、缅甸、泰国与中南半岛。

生态与生境

生于丘陵山坡中下部的冲积地和沟边。

致濒危原因与繁殖方式

人类的生产和生活导致了生境的丧失和外来种入侵，致其原生地被侵占或破坏（范树国，2000）。自然繁殖或种子萌发。

保护价值与保护现状

具有丰富的遗传多样性并含有大量的优异基因，发掘与利用这些基因对改良栽培稻和培育新种质具有重大意义。濒危现状十分严重。各地的分布面积大量萎缩甚至消失，仅在茂名等少数地区几处有零星分布。构建种质库和种质圃保存（张欢欢等，2009）。

普通野生稻

Oryza rufipogon Griff

禾本科 Gramineae

国家重点保护野生植物名录（第一批）Ⅱ级；
中国珍稀濒危保护植物名录（第一批）**级。

形态特征

多年生水生草本。叶鞘圆筒状、疏松、无毛；叶舌叶耳明显；叶片线形、扁平，边缘与中脉粗糙，顶端渐尖。圆锥花序，主轴及分枝粗糙；小穗基部具2枚微小半圆形的退化颖片；第一和第二外稃退化呈鳞片状，孕性外稃长圆形厚纸质，遍生糙毛状粗糙；芒着生于外稃顶端并具一明显关节；鳞被2枚；雄蕊6；柱头2，羽状。颖果长圆形，易落粒。花期4～5月，果期10～11月。

地理分布

我国广东（高州、广州）、海南、广西、云南、台湾。印度、缅甸、泰国、越南、马来西亚等。

生态与生境

生于池塘、溪沟、藕塘、稻田、沟渠、沼泽等低湿地。

致濒危原因与繁殖方式

大量原生地被开垦为工农业用地使野生稻的生长繁衍日渐困难；过度放牧、过度刈割对野生稻的有性生殖造成严重影响，降低其多样性和对环境的适应力。自然繁殖或种子萌发。

保护价值与保护现状

是栽培稻的近缘祖先，蕴藏着丰富的基因资源，包括抗病虫、抗逆、高产及其他一些特异性状，对栽培稻基因改良价值重大。1982年普查结果表明，广东42个县（市）有普通野生稻（庞汉华等，2001）。1996年对广东15个县（市）的

17个曾记载的分布点进行调查的结果显示，其中13个分布点已消失。截至2007年底，广东省仅在高州普通野生稻分布区建立了一个原生境保护点，另有种质库迁地保存。

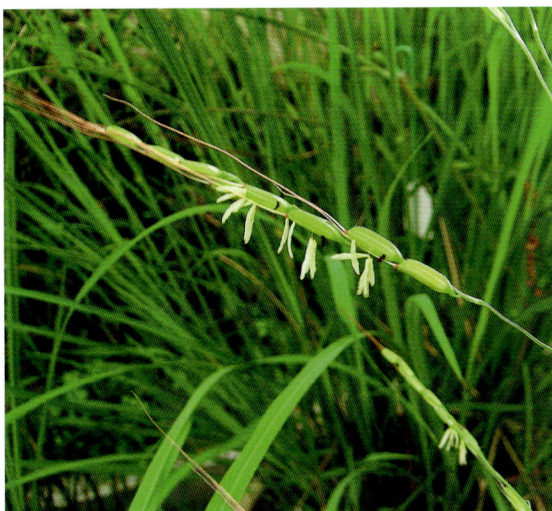

长柄双花木

Disanthus cercidifolius Maxim. subsp. *Longipes*
（Hung T. Chang）K. Y. Pan

金缕梅科 Hamamelidaceae

国家重点保护野生植物名录（第一批）Ⅱ级；
中国珍稀濒危保护植物名录（第一批）**级。

形态特征

　　落叶灌木，高达 4 m。多分枝，小枝屈曲，褐色，无毛，有细小皮孔。叶片阔卵圆形，其宽度大于长度，顶端圆形，基部心形，全缘；掌状脉5～7条；叶片膜质，无毛；叶柄稍纤细。2朵无梗对生的花组成头状花序，腋生；花两性；萼筒短杯状，5裂；花瓣5枚，红色，基部具2蜜腺；雄蕊5，花药散粉盛期时，花粉可形成环绕于柱头的"花粉圈"；子房上位。蒴果倒卵形，木质，先端近平截；果序柄较长。种子长椭圆形，黑色，有光泽。花期10～12月，果期翌年9～10月。

地理分布

　　分布于我国江西省东部的军峰山及湖南省的常宁及道县，以及湘粤交界的莽山、南岭（广东韶关）。

生态与生境

　　海拔600 m以上的山地，气候凉爽，多云雾、降水丰富、湿度较大（张嘉茗等，2013）。山地黄壤或黄棕壤，成土母质多为花岗岩（高浦新等，2013）。

致濒危原因与繁殖方式

　　自然条件下的传粉至种子萌发过程有限制；特殊的生活史特性及种子仅靠蒴果开裂时的弹力传播，加上居群彼此孤立、缺乏相互交流，从而制约了该物种的自我繁衍及居群的扩张；生境片段化导致种群缩小，更新困难和盗挖（李晓红等，2013；高浦新等，2013；刘仁林，1999）。播种繁殖（罗仲春，1996）。

保护价值与保护现状

　　树形美观，花色美艳，是较好的园艺观赏树种（高浦新等，2013）。本种是孑遗的单种属植物，有较高研究价值（罗仲春，1996）。庐山植物园通过多次引种并实现了回归（高浦新等，2013）。组织培养获得成功，尚未实现产业化（李晓红等，2013）。

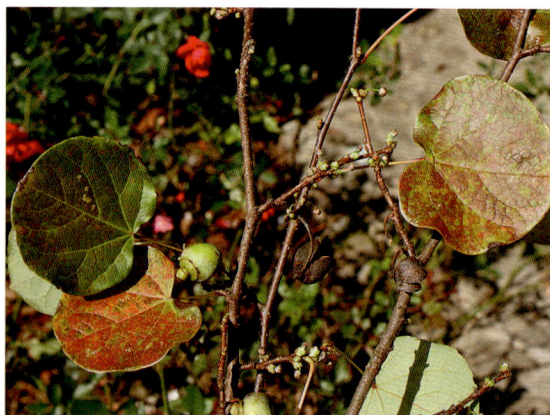

四药门花

Loropetalum subcordatum（Benth.）

金缕梅科 Hamamelidaceae

国家重点保护野生植物名录（第一批）Ⅱ级；
中国珍稀濒危保护植物名录（第一批）**级。

形态特征

常绿灌木或小乔木，高可达12 m；小枝无毛。叶互生，卵形或椭圆形，基部圆形或微心形；全缘或上半部有疏锯齿。头状花序腋生，有花约20朵；花白色，两性，萼筒被星状毛，萼齿5；花瓣5，带状；雄蕊5，花丝极短，花药4室，瓣状开裂；退化雄蕊垫状，二叉分裂；子房半下位，2室，有星状毛。蒴果近球形，被星状柔毛；种子长卵圆形，黑色，种脐白色。花期9月～次年2月，其中盛花期10～12月，果期12～次年5月。

地理分布

我国广东（中山）、香港、广西（龙州）和贵州（茂兰）。

生态与生境

仅产于北纬22℃上下两侧的亚热带常绿阔叶林中，海拔约150～600 m，常沿溪流两岸生长。生存环境比较特殊，嗜富含腐殖质的肥沃赤红壤土；地理分布间断而狭窄，野外种群数量极少，已知4个居群不超过100个体。

致濒危原因与繁殖方式

居群中缺乏有效的传粉者，长期自花授粉导致自然结实率低于5%，近交衰退可能是致濒的重要原因（顾垒等，2008）。种子萌发率低，通过枝条扦插营养繁殖已获成功。

保护价值与保护现状

为中国特有植物，是金缕梅科比较原始的单种属植物，与常绿的活塞木属 *Embolanthera* Merr. 及落叶的檵木属 *Loropetalum* R.Br. 和金缕梅属 *Hamamelis* L. 等有十分密切的亲缘关系，具有重要的科研价值（Gong, et al, 2010）。广东省在中山五桂山作为极小种群就地保护，华南植物园和香港嘉道理农场有引种栽培。

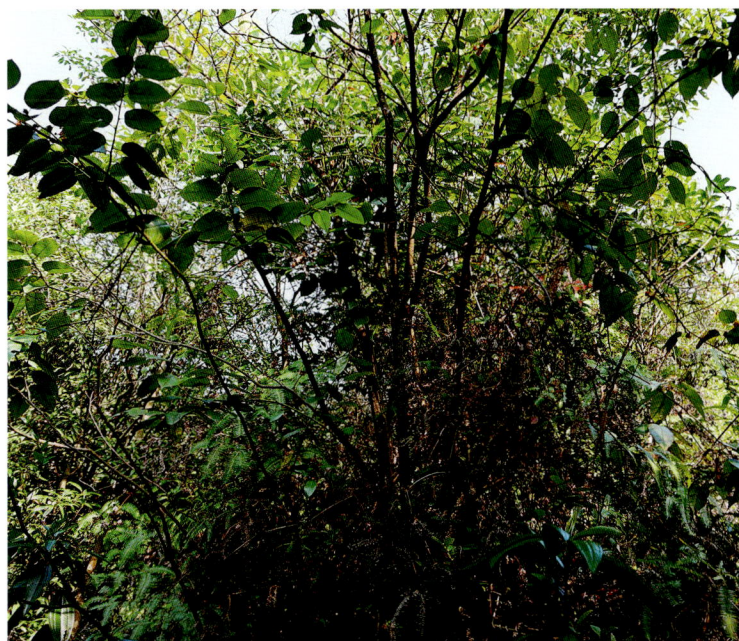

半枫荷

Semiliquidambar cathayensis Hung T. Chang

金缕梅科 **Hamamelidaceae**

国家重点保护野生植物名录（第一批）Ⅱ级；
中国珍稀濒危保护植物名录（第一批）***级。

形态特征

常绿乔木。叶簇生于枝顶，革质，异型，不分裂的叶片卵状椭圆形，稍不等侧，或为掌状3裂；上面深绿色，发亮，下面浅绿色，无毛；边缘有具腺锯齿；叶柄较粗壮，上部有槽，无毛。雌雄异花。雄花的短穗状花序常排成总状，花被全缺，雄蕊多数，花丝极短，花药先端凹入；雌花的头状花序单生，萼齿针形，有短柔毛，花柱先端卷曲，有柔毛。头状果序，宿存萼齿比花柱短。花期2～3月，果期秋季。

地理分布

我国广东（乐昌、乳源、连南、新丰、和平、五华、蕉岭、梅州、广州）、海南、福建、江西、广西、贵州。

生态与生境

中性树种，喜温暖湿润，常生于海拔1000 m以下的山坡灌丛或山地阔叶林中，喜深厚、疏松、肥沃、湿润的酸性红壤或黄壤。

致濒危原因与繁殖方式

药用价值高，易遭人们毁灭性的大量采挖；自身繁殖力差，天然更新困难，且人工栽培技术尚不成熟，使得半枫荷的保护形势愈加严峻。一般用种子繁殖，也可扦插繁殖（黄仕训，1994），2012年开展了组培快繁技术研究（胡刚等，2012）。

保护价值与保护现状

有重要的科学价值。材质优良，观赏性强，药用价值高。目前已有就地保护和开展人工繁育与栽培（赵厚涛等，2010）。

樟（香樟、芳樟、油樟）

Cinnamomum camphora（L.）J. Presl

樟科 **Lauraceae**

国家重点保护野生植物名录（第一批）Ⅱ级。

形态特征

常绿大乔木，高可达30 m，胸径达3 m；树皮有不规则纵裂，黄褐色；叶互生，卵状椭圆形，先端急尖，基部宽楔形至近圆形，全缘，离基三出脉，中脉两面明显，侧脉及支脉脉腋上面明显隆起，下面有明显腺窝，叶柄纤细无毛；圆锥花序腋生，具梗；花倒锥形，淡黄或白色；有花梗，花被裂片椭圆形，能育雄蕊9，花丝被短柔毛，退化雄蕊3；子房球形，无毛。果卵球形或近球形，紫黑色；花期4～5月，果期8～11月。

地理分布

我国长江以南各省。越南、朝鲜、日本。

生态与生境

野生于海拔1200 m以下山坡或沟谷中，常有栽培。

致濒危原因与繁殖方式

野生种类主要是由于过度砍伐个体或生境破碎化后消亡。种子播种或枝条扦插。

保护价值和保护现状

优良用材、园林和药用植物。大的野生植株基本得到就地保护。目前各地已有大量人工种植，值得注意的是，要收集具遗传多样性的种群后进行大量繁殖和栽培，以防种质退化。

45

沉水樟（水樟、臭樟、黄樟树）

Cinnamomum micranthum (Hayata) Hayata

樟科 Lauraceae

中国珍稀濒危保护植物名录（第一批）***级。

形态特征

乔木，树皮坚硬，黑褐色或红褐灰色，内皮褐色，外有不规则纵向裂缝。叶互生。圆锥花序顶生及腋生。花白色或紫红色，具香气。花被筒钟形，花被裂片6。能育雄蕊9。子房卵球形，柱头头状。果椭圆形，鲜时淡绿色，具斑，光亮无毛。花期7~8月，果期10月。

地理分布

我国广东（乐昌、始兴、乳源、连南、和平、连平、五华、平远、龙门、新丰、博罗、高要、信宜）、广西、湖南、江西、福建、台湾。

生态与生境

生于低海拔地区的山坡、山谷密林中或河边。野生数量不多。

致濒危原因与繁殖方式

沉水樟的繁育系统为兼性自交，结实量较多，但落果率高，果实产量低，另外其果实发育期长达16个月，期间易受到环境因素影响，影响种子的正常发育，导致种群天然更新能力较弱，以致出现濒危。另外，人为的砍伐和对现代生境的不适应也是影响其种群衰退的原因（陈远征等，2006）。目前可以通过组织培养（翟晓巧等，2004；罗坤水等，2015）、种子（罗坤水等，2015b）或扦插技术（耿玉敏，2006；冯丽贞等，2007）等进行育苗。

保护价值与保护现状

重要速生经济树种，也是我国大陆和台湾的间断分布种。在产地应加强对母树的保护，同时大力发展迁地栽培。

卵叶桂

Cinnamomum rigidissimum Hung T. Chang

樟科 **Lauraceae**

国家重点保护野生植物名录（第一批）**II** 级。

形态特征

小或中乔木，高可达 22 m；树皮褐色；枝条圆柱形且有松脂的香气；小枝略扁，有棱角；芽裸露或芽鳞不明显；叶对生，卵圆形、阔卵形或椭圆形，革质或硬革质，离基三出脉；花序为近伞形，生于当年生枝的叶腋内，有花 3～11 朵；果实卵球形，乳黄色。花期 7 月，果期 8 月。

地理分布

我国广东（新丰、高要、封开）、广西、海南、台湾和云南。

生态与生境

主要生长于海拔 1700 m 以下的林中小溪边，光强中等或偏阴且潮湿生境。

致濒危原因与繁殖方式

自然种群较小，再加上人工过度砍伐或丧失生境致濒危。主要靠种子繁殖。

保护价值与保护现状

具有重要的科研和材用价值。目前主要分布于小的自然保护区或自然林中，需要加强繁殖研究与就地、迁地保护。

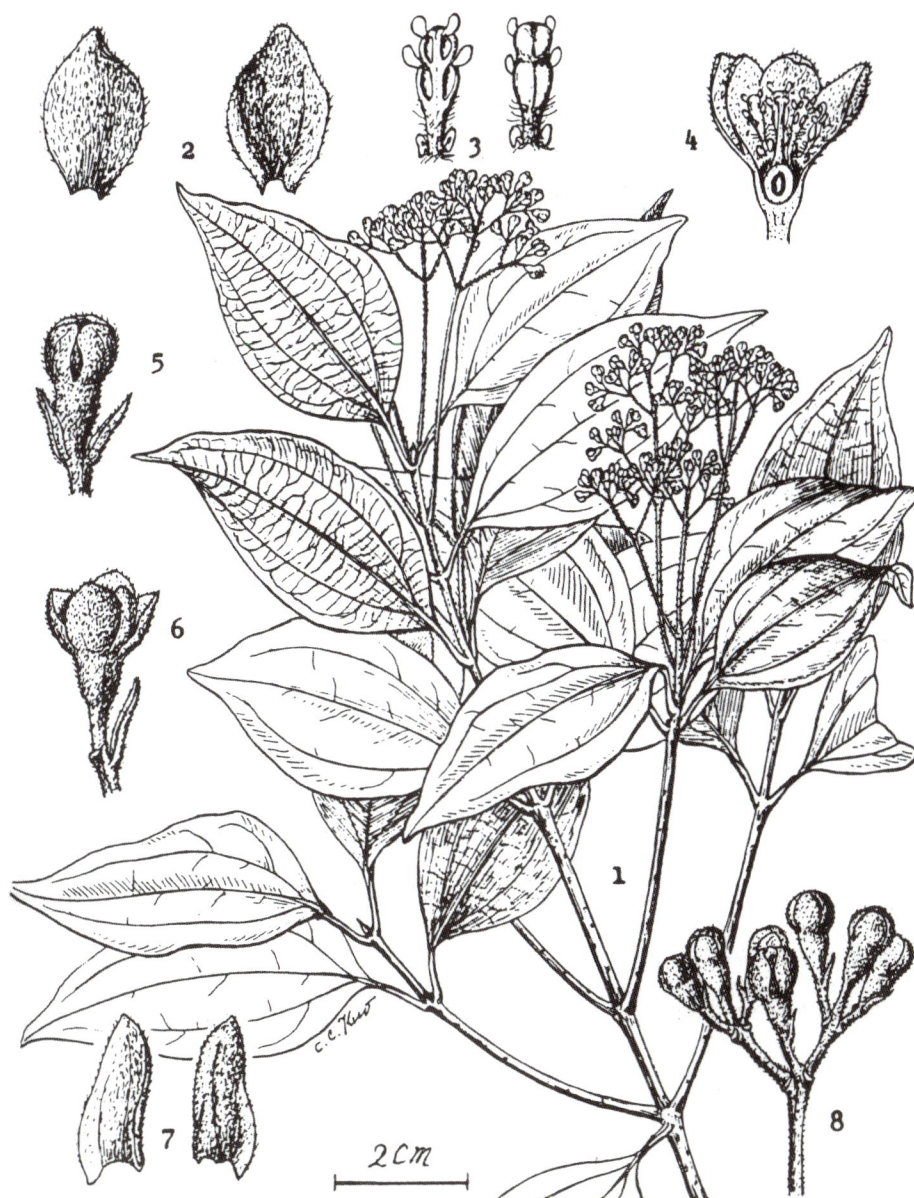

本图片出处为 **Flora of Taiwan**, 2nd ed., 2: 441, Pl. 204. 1996

闽楠（楠木）

Phoebe bournei（Hemsl.）Y. C. Yang
樟科 **Lauraceae**

国家重点保护野生植物名录（第一批）Ⅱ级；
中国珍稀濒危保护植物名录（第一批）***级。

形态特征

大乔木，高达15～20 m，老树皮灰白色，新树皮黄褐色。叶革质或厚革质，披针形或倒披针形，先端渐尖或长渐尖，基部渐狭或楔形，上面发亮，下面有短柔毛。圆锥花序生于新枝中、下部，被毛；花被片卵形，两面被短柔毛；第一、二轮花丝疏被柔毛，第三轮密被长柔毛，基部的腺体近无柄，退化雄蕊三角形，具柄，有长柔毛；子房近球形，与花柱无毛，或上半部与花柱疏被柔毛，柱头帽状。果椭圆形或长圆形；宿存花被片被毛，紧贴。花期4月，果期10～11月。

地理分布

我国广东（乐昌、始兴、仁化、曲江、南雄、连州、英德、梅州、大埔、德庆和怀集）、江西、福建、浙江、广西、湖南、湖北、贵州。

生态与生境

喜光，喜温暖湿润气候，稍耐寒，喜肥沃、疏松和排水良好的土壤。星散分布于中亚热带常绿阔叶林地带，常见散生于天然杂木林中。

致濒危原因与繁殖方式

人类的择伐乱伐、生境破坏，导致植株数量日益减少；自然状态下，种间竞争激烈，天然林下过于荫蔽，一年生苗木死亡率较高；对土壤的高要求也抑制了其扩张。主要采取播种繁殖，采收成熟的种子，随采随播。同时，扦插繁殖、组培快繁也取得了成功。

保护价值与保护现状

闽楠是我国东部的特有树种，对研究我国中亚热带植物区系以及种质资源的保存等均有较重要的价值（邓青珊2011）。同时也是我国珍贵用材树种，为建筑、家具、造船、雕刻、精密木模的良材（吴晓清2005）。也可作为优良的庭园风景树、绿荫树和行道树等。另外，闽楠是一种良好的造林树种，在适当的管理策略下，对碳固定有较强的作用，有助于改善环境（Wang et al. 2013）。目前，对闽楠的迁地保护仅在湖南沅陵、江西崇义和福建三明营造有人工林，一些科研、教学单位也做了少量栽培引种工作。

格木（铁木、斗登风、孤坟柴）

Erythrophleum fordii Oliv.

豆科 Leguminosae

形态特征

常绿乔木，高约10 m，有时可达30 m；树皮相对平滑；嫩枝和幼芽被铁锈色短柔毛。二回羽状复叶互生，卵形或卵状椭圆形，先端渐尖，基部圆形，边全缘；由穗状花序排成圆锥花序，总花梗上被铁锈色柔毛；花淡黄绿色；花萼钟状，外面被疏柔毛，裂片长圆形，边缘密被柔毛，花瓣5，倒披针形；雄蕊10，无毛；子房长圆形，厚革质，有网脉；种子长圆形，稍扁平，种皮黑褐色。花期5~6月，果期8~10月。

地理分布

我国广东（中部、西部和东部）、广西、福建、台湾、浙江。越南。

生态与生境

生于低海拔山地密林或疏林中，已有栽培。

致濒危原因与繁殖方式

主要是人为砍伐致濒。种子播种或枝条扦插繁殖。

保护价值和保护现状

优良用材和园林植物。以就地保护和迁地保护相结合的方式进行保护，同时采集种子育苗进行商业化生产。

山豆根

Euchresta japonica Hook.f. ex Regel

豆科 Leguminosae

国家重点保护野生植物名录（第一批）Ⅱ级。

形态特征

藤状灌木，茎上多生不定根。叶仅有小叶 3 枚；小叶厚纸质，椭圆形，长 8 cm 左右，先端短渐尖至钝圆，基部宽楔形，上面无毛，下面被短柔毛；总状花序；小苞片细小钻形；花萼杯状，内外均被短柔毛；花冠白色，旗瓣瓣片长圆形，翼瓣椭圆形，龙骨瓣上半部粘合；子房扁长圆形；荚果椭圆形，黑色，光滑，无毛，一般含 1 粒种子。花期 6~7 月，果期 9~11 月。

地理分布

我国广东（乐昌、仁化）、海南、广西、四川、云南、重庆、湖北、湖南、江西、浙江。日本和朝鲜。

生态与生境

生于中亚热带海拔 800~1400 m 山谷或山坡密林中，多出现于石山脚下或岩石缝中凉爽或温暖的酸性腐殖土生境中。

致濒危原因与繁殖方式

其传粉和结籽等繁殖能力较低且生长缓慢，近几十年其生境也被破坏严重，再加上人们的毁灭性采集导致极其濒危。目前主要依靠种子繁殖、组织培养和扦插繁殖。

保护价值与保护现状

具清热解毒、消肿止痛等药用价值和重要的科研价值。目前没有建立专门的保护区或小区，主要是就地保护。

野大豆（劳豆、野生豆、山黄豆）

Glycine soja Sieb Zucc.

豆科 Leguminosae

国家重点保护野生植物名录（第一批）Ⅱ级；
中国珍稀濒危保护植物名录（第一批）***级。

形态特征

一年生缠绕草本。蔓茎纤细，略带四棱形，密被褐色毛。叶具3小叶，被黄色柔毛。总状花序通常短；花小；苞片披针形；花萼钟状，裂片5，三角状披针形；花冠淡红紫色或白色，旗瓣近圆形，先端微凹，基部具短瓣柄，翼瓣斜倒卵形，有明显的耳，龙骨瓣比旗瓣及翼瓣短小，密被长毛；花柱短而向一侧弯曲。荚果长圆形，稍弯，两侧稍扁，密被长硬毛，种子间微缢缩，干时易裂；种子2～3颗，椭圆形，稍扁，褐色至黑色。花期7～8月，果期8～10月。

地理分布

分布于我国寒温带到亚热带广大地区，除新疆、青海和海南外，遍布全国。分布中心及分化中心在我国东北一带（李福山，1993），最南分布在北纬24°10′左右的广东英德南至阳山白莲一线（赵青松等，2013）。

生态与生境

喜水耐湿，多生于海拔150～2650 m山野以及河流沿岸、湿地周边。山地、丘陵、平原及沿海滩涂或岛屿可见其缠绕它物生长，但都是零散分布（王克晶等，2012）。其耐盐碱并具抗寒性。

致濒危原因与繁殖方式

因生境丧失而濒危（王克晶等，2012）。野生群体的遗传多样性明显高于栽培群体（丁艳来等，2008）；广东不同野生居群间遗传多样性差异较大，而且居群内基因型多（赵青松等，2013）。种子自然萌发率较高。

保护价值与保护现状

具有重要的经济价值，可作饲料、牧草、绿肥和水土保持植物，还可作药用（补气血、强壮、利尿）。具有重要的科研价值，野大豆具有许多优良性状，如耐盐碱、抗寒、抗病等，与大豆是近缘种，是培育优良大豆品种优良种质资源。目前，山东省黄河三角洲国家自然保护区大汶流管理站对野大豆这一黄河三角洲特有的大面积珍贵种资源采取了措施加以保护，其他分布点尚无明显保护措施。

花榈木

Ormosia henryi Prain

豆科 **Leguminosae**

形态特征

常绿乔木。树皮光滑，有浅裂纹，带灰绿色。奇数羽状复叶，革质，长椭圆形或倒披针形，上面深绿色，光滑无毛，下面及叶柄均密被黄褐色绒毛。圆锥花序顶生，或总状花序腋生，密被淡褐色茸毛；花蝶形，花萼钟形，5齿裂；花冠中央淡绿色，边缘绿色微带淡紫。荚果扁平，长椭圆形，顶端有喙；种子椭圆形或卵形，种皮鲜红色，有光泽。花期7～8月，果期10～11月。

地理分布

我国广东（乐昌、南雄、始兴、英德、广州、五华）、安徽、浙江、福建、江西、湖南、湖北、海南、广西、四川、贵州、云南（东南部）。越南、泰国。

生态与生境

花榈木具有较强适应性，在酸性、中性土壤中均能正常生长。幼树较耐阴，大树喜光，萌芽力强，根有固氮菌，能改善土壤。生于山坡、溪谷两旁杂木林内，海拔100～1300 m，常与杉木、枫香、马尾松、合欢等混生。

致濒危原因与繁殖方式

由于乱砍滥伐，花榈木赖以生存的生态环境遭到严重破坏，自然条件下荚果出种率低，种子不易腐烂，但易受动物取食，且种子萌发率低，繁殖困难，野生资源越来越少。主要采取播种繁殖，以花榈木种子及无菌苗胚轴为外植体的组织培养均取得了成功。

保护价值与保护现状

木材致密质重，纹理美丽，可作轴承及细木家具用材；根、枝、叶入药，能祛风散结，解毒去瘀。近年来，从花榈木中不断提取出新的物质，某些化合物表现出对DPPH和癌细胞有生长抑制性，具有较高的医学应用前景（Feng et al., 2012）；又为绿化或防火树种。目前，对于花榈木的相关研究还不全面，仅限于生长习性、繁殖方式等研究。部分地区已建立花榈木人工林，并总结出了花榈木的生长规律（张都海，2003）。部分保护区也将花榈木作为重点保护对象，但花榈木的大范围种植仍需要时间，以期培育出优质木材。

任豆（任木、翅荚木）

Zenia insignis Chun

豆科 Leguminosae

国家重点保护野生植物名录（第一批）Ⅱ级；
中国珍稀濒危保护植物名录（第一批）***级。

形态特征

乔木，高15～20 m，胸径约1 m；小枝黑褐色，散生有黄白色的小皮孔；芽椭圆状纺锤形，有少数鳞片。叶柄短，叶轴及叶柄多少被黄色微柔毛；小叶薄革质，长圆状披针形，基部圆形，下面有灰白色的糙伏毛；圆锥花序顶生；总花梗和花梗被黄色或棕色糙伏毛；花红色；花瓣稍长于萼片，椭圆状长圆形或倒卵状长圆形；荚果长圆形或椭圆状长圆形，红棕色；种子圆形，棕黑色；珠柄丝状。花期5月，果期6～8月。

地理分布

我国广东（西北部和北部）、广西、贵州、湖南、云南。越南。

生态与生境

生长于海拔200～950 m的山地密林或疏林中，集中分于低海拔石灰岩地区，在非石灰岩丘陵地区亦有零星分布（敖惠修等，1997）。

致濒危原因与繁殖方式

持续过度砍伐，大树日益稀少。种子繁殖，组培快繁（袁德义等，2010）。

保护价值与保护现状

南方绿化石山的优良速生树种（胡文新，1983），食用菌原料林，工业板材原料。已有大量人工栽培（何小勇等，2006；吴昌应等，2008；邓恢，2013）。

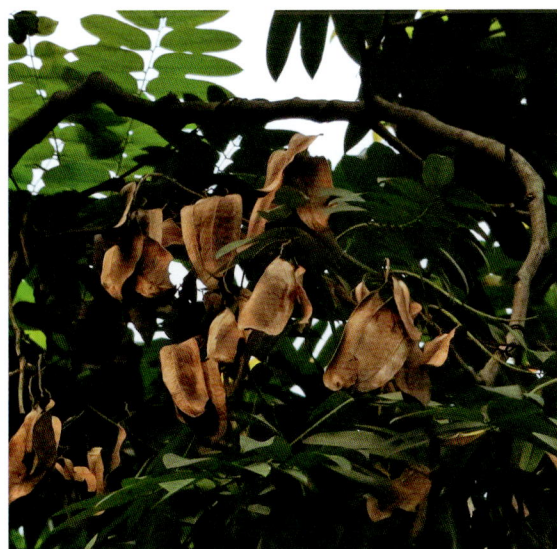

凹叶厚朴

Magnolia officinalis subsp. *biloba*（Rehder & E. H. Wilson）Y. W. Law

木兰科 **Magnoliaceae**

国家重点保护野生植物名录（第一批）Ⅱ级；
中国珍稀濒危保护植物名录（第一批）***级。

形态特征

落叶乔木，高达20 m；树皮厚，褐色，不开裂。叶聚生于枝端，近革质，长圆状倒卵形，先端凹缺，成2钝圆的浅裂片，基部楔形，全缘而微波状，上面绿色，下面灰绿色，被灰色柔毛，有白粉；叶柄粗壮，托叶痕长为叶柄的2/3。花芳香；花梗粗短，具脱落痕；花被片9～17，厚肉质，外轮3片淡绿至淡紫色，长圆状倒卵形，内两轮白色，倒卵状匙形，基部具爪；雌蕊群椭圆状卵圆形。聚合果长圆状卵圆形，基部较窄；蓇葖具喙；种子三角状倒卵形。花期4～5月，果期8～10月。

地理分布

我国广东（乐昌、乳源、仁化、南雄、始兴、翁源、新丰）、安徽、浙江、江西、福建、湖南、湖北、广西。

生态与生境

生于海拔300～1400 m的林中。喜凉爽湿润气候及土层深厚、疏松、肥沃、湿润及排水良好的酸性土壤。

致濒危原因与繁殖方式

过度滥伐森林和大量剥取树皮药用，在生殖生物学方面，雌雄异熟和异位、单株日开花量少等引起传粉过程受阻，自花授粉和同株异花授粉引起花粉管生长出现障碍，野生条件下结实率低、种实发育不良等是致濒主要原因（王洁，2012）。种子繁殖或分蘖、压条、扦插繁殖。

保护价值与保护现状

树皮、根、花、种子等皆可入药，以树皮为主，为著名中药，种子可榨油，含油量高。花大而美丽，叶型奇特，木材坚硬，可作为用材及观赏树种。由于大量滥砍滥伐，野生植株已很少见，应严禁砍伐和剥取树皮，保护好野生居群并促进天然更新。

厚叶木莲

Manglietia pachyphylla Hung T. Chang

木兰科 **Magnoliaceae**

国家重点保护野生植物名录（第一批）Ⅱ级。

形态特征

乔木，高达16 m。叶厚革质，坚硬，倒卵状椭圆形或倒卵状长圆形，先端短急尖，基部楔形，上面深绿色，下面浅绿色，侧脉每边12～14条；叶柄粗壮。花梗粗壮，花被下具脱落痕；花芳香，白色，外轮3片倒卵形，中轮3片倒卵形，内轮的3～4片，倒卵形；雌蕊群卵圆形，胚珠10～12枚，2列。聚合果椭圆体形；蓇葖38～46枚，背面有凹沟，顶端有短喙；种子扁球形。花期5月，果期9～10月。

地理分布

我国广东（从化、龙门、新丰）。

生态与生境

生于海拔800 m的广东热带亚热带山地常绿季雨林中。喜土层深厚、疏松、肥沃及排水良好的酸性土壤。

致濒危原因与繁殖方式

由于开山修路，原生群落遭到一定破坏。另外由于当地居民喜欢将其当作木材和薪柴砍伐，更导致了母树数量的锐减。结果率低，种群更新速度慢等自身生理特征和栖息地的破坏也严重威胁着群落的生存（杨晓丽等，2013）。种子繁殖。

保护价值与保护现状

树形优美，叶形大，花大而芳香，具有较高的观赏价值，是一种优良的园林观赏植物及城市绿化树种（曾庆文等，1999）。1984年南昆山建立自然保护区，进行了就地保护，当地部门收集种子并萌发，以增加数量。华南植物园木兰园有迁地保护植株。

石碌含笑

Michelia shiluensis Chun & Y. F. Wu

木兰科 **Magnoliaceae**

国家重点保护野生植物名录（第一批）II级。

形态特征

常绿乔木，树冠多为塔型；植株仅芽披棕黄色柔毛；叶革质，倒卵状长圆形，先端圆钝，具短尖，上面深绿色，下面粉绿色；叶柄具宽沟，无托叶痕；花白色且极香，花被片9枚，3轮，倒卵形；花丝红色；心皮卵圆形；聚合果，蓇葖倒卵圆形或倒卵状椭圆体形，顶端具短喙。种子宽椭圆形。花期3～5月，果期6～9月。

地理分布

我国广东（阳春）、海南。

生态与生境

主要生长于海拔200～1500 m的常绿阔叶林中的酸性土壤；稍耐阴，成年树喜光，在城市中也能生长良好。

致濒危原因与繁殖方式

野生种群较小，且有繁殖障碍。再加上人为砍伐和生境丧失，野生植株较少发现。目前已有扦插、压条、嫁接和播种4种方法繁殖取得成功。

保护价值与保护现状

具有重要的科研价值，还可作为园林绿化树种。目前主要采取就地保护，已有一些人工播种苗应用于园林中，需进一步加强迁地保护。

乐东拟单性木兰

Parakmeria lotungensis（Chun & C. H. Tsoong）Y. W. Law

木兰科 **Magnoliaceae**

中国珍稀濒危保护植物名录（第一批）***级。

形态特征

常绿乔木，高达30 m，当年生枝绿色，全株无毛。叶革质，具蜡质光泽，狭倒卵状椭圆形、倒卵状椭圆形或狭椭圆形，中脉两面凸起，侧脉不明显，叶基部下延。花杂性，雄花两性花异株；雄花花被片9～14，外轮3～4片浅黄色，内2～3轮白色。聚合果卵状长圆形或椭圆状卵圆形，很少倒卵形；种子椭圆形或椭圆状卵圆形，外种皮红色。花期4～5月，果期8～9月。

地理分布

我国广东（乐昌、乳源、信宜）、浙江、福建、江西、湖南、贵州、海南。

生态与生境

适应性强。喜温暖湿润气候，喜深厚、肥沃、排水良好的土壤，喜光。

致濒危原因与繁殖方式

过度开发利用是其濒危的主要原因。种子繁殖或扦插，也可嫁接。

保护价值与保护现状

珍贵材用树种，具重要研究价值（中国特有寡种属，花杂性，心皮退化）。部分植株位于保护区内。

观光木（香花木）

Tsoongiodendron odorum Chun

木兰科 **Magnoliaceae**

中国珍稀濒危保护植物名录（第一批）**级。ESP。

形态特征

常绿乔木，高 30 m，胸径 1.5～2 m，树皮淡灰褐色，具深皱纹，小枝、芽、叶柄、叶背和花梗均被黄棕色糙状毛。叶纸质，椭圆形或倒卵状椭圆形，先端尖或钝，基部楔形，上面中脉凹陷，被柔毛，托叶与叶柄合生，托叶痕几达叶柄中部。花淡黄白色，单生叶腋。聚合果长椭圆形，成熟时暗紫色，近肉质，干时木质，深棕色，具显著的黄色皮孔，种子椭圆形或三角状倒卵圆形。花期 3～4 月，果期 10～12 月。

地理分布

我国广东（茂名及以北地区）、广西、云南、贵州。

生态与生境

生于海拔 500～1000 m 的常绿阔叶林中。

致濒危原因与繁殖方式

分布虽然较广，但由于森林过度采伐，生境已严重破碎化，种群数量及规模均锐减，呈零散生长，结果量少，繁殖能力较弱，且种子多遭受啮齿目动物啃食，以致天然更新不良。种子繁殖或嫁接。

保护价值和保护现状

是木兰科的单属种，优良园林植物和木材。仅部分野生种群得到就地保护，已有商品苗木生产。

红椿（红楝子、毛红椿）

Toona ciliata M. Roem.

棟科 **Meliaceae**

国家重点保护野生植物名录（第一批）Ⅱ级；
中国珍稀濒危保护植物名录（第一批）***级。

形态特征

落叶大乔木。叶为偶数或奇数羽状复叶，通常有小叶7～8对。圆锥花序顶生；花萼短，5裂，裂片钝，被微柔毛；花瓣5，白色长圆形；雄蕊5，约与花瓣等长，花丝被疏柔毛，花药椭圆形；子房密被长硬毛，花柱无毛，柱头盘状。蒴果长椭圆形，木质，干后紫褐色，有苍白色皮孔；种子两端具翅，翅扁平，膜质。花期4～6月，果期10～12月。

地理分布

我国广东（北部、西部、东部和中部）、海南、浙江、福建、江西、湖南、湖北、安徽、广西、贵州、四川、云南。世界多国有分布。

生态与生境

多生于低海拔沟谷林中或山坡疏林中。

致濒危原因与繁殖方式

由于环境变化、人为破坏以及天然更新比较慢，其数量不断减少，种群数量偏低，再加上生境片断化严重，种群日趋衰退。种子育苗或扦插育苗（吴莉莉等，2006；程冬生等，2010）。

保护价值与保护现状

是珍贵速生的用材树种，并且是一种尚未被开发利用的药用植物，具有很高的经济价值和开发前景。就地保护为主。需要说明的是，由于本种的形态变异较大，故在Flora of China中，以前被定名为毛红楝子（*T. ciliata* var. *pubescens*）、滇红椿（*T. ciliata* var. *yunnanensis*）和小果香椿（*T. microcarpa*）等种被归为此种的异名。因此，本种实际上为一广布种，其保护等级也需要重新评估。

见血封喉（箭毒木）

Antiaris toxicaria Lesch.

桑科 Moraceae

中国珍稀濒危保护植物名录（第一批）***级。

形态特征

常绿乔木，高25～40 m，具大板根。树皮灰色，略粗糙；单叶互生，椭圆形至倒卵形，具锯齿，先端渐尖，基部不对称，两面粗糙；叶柄短，被长粗毛。花单性，雌雄同株；雄花托盘状，密生于叶腋，苞片舟状三角形，顶部内卷，花被片和雄蕊各4枚；雌花单生于梨形花托内，无花被，子房1室。核果梨形，具宿存苞片，鲜红至紫红色；种子卵形，微扁。花期3～4月，果期5～6月。

地理分布

我国广东（阳春、阳江、电白、高州、茂名、徐闻、湛江）、海南、广西、云南。亚洲南部至东南部。

生态与生境

零星散生，分布区域狭窄，位于热带季雨林、雨林区域，生于海拔1500 m以下的山地或石灰岩谷地的森林中。适宜土壤为砖红壤、赤红壤或石灰性土。本种可组成季节性雨林或沟谷雨林上层巨树，常挺拔于主林冠之上，为主要优势树种之一，其根系发达，抗风力强在滨海台地生长良好。

致濒危原因与繁殖方式

野生大植株近些年因被盗挖而较少。加上天然更新不良，植株日趋稀少，造成十分稀缺。可用种子播种繁殖，发芽率高，但种子寿命短。

保护价值与保护现状

见血封喉是本属植物中唯一分布至我国的1种，其树液有剧毒，在医药上有研究和应用价值；树皮较厚，茎皮纤维发达，可做麻类代用品；其树型高大美观，常用于园林观赏、林木绿化等（黄珊珊等，2010）。在云南，本种所分布的大部分地区已划为自然保护区，在粤西约有200余棵，大多呈单株分布，罕见有小群体存在，且树龄均在百年以上，在广东树龄200年以上的有10余株。1999年湛江市把该树列为优良阔叶生态树种后，湛江市林业科学研究所相继对见血封喉采种、育苗、造林、生长特性等进行研究（傅立国，1992；易观路等，2004）。见血封喉是我国珍稀的古树名木，建议有关部门造册登记，进行宣传保护，保护好母树。目前在阳春鹅凰嶂自然保护区内有少量植株得到较好的保护，在保护区以外的村边风水林也得到村民的保护。

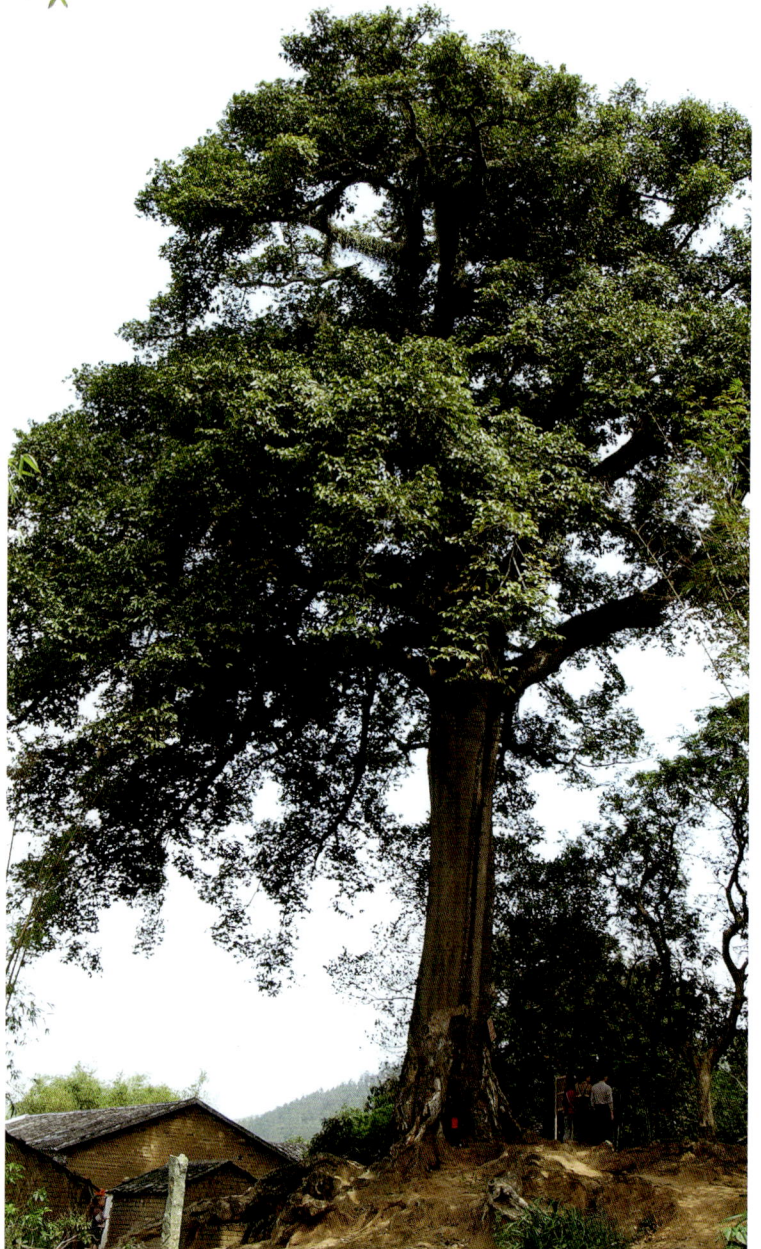

白桂木（胭脂木、将军树）

Artocarpus hypargyreus Hance ex Benth.
桑科 Moraceae

中国珍稀濒危保护植物名录（第一批）***级。

形态特征

常绿乔木，高10～25 m，胸径达40 cm。树皮深紫色，片状剥落；幼枝被白色平伏柔毛。单叶互生，革质，椭圆形至倒卵形，先端渐尖，基部楔形，全缘，幼树之叶常为羽状浅裂，网脉明显；叶柄被锈色毛。花序腋生，单生；花单性，雌雄同株，与盾形苞片混生于花序托上。雄花序椭球形至倒卵形。聚花果近球形，浅黄至金黄色；种子卵圆形。花期3～5月，果期7～8月。

地理分布

我国广东、香港、澳门、福建、江西、湖南、海南、广西、云南、贵州、四川、重庆。越南。

生态与生境

喜光、喜湿。多生于土层深厚肥沃的村边疏林、海拔100～1700 m的丘陵或山谷的疏林、常绿阔叶林中。野生植株数量不多。

致濒危原因与繁殖方式

异质性的自然生境限制了白桂木的分布，同时，人为的毁林开荒、乱砍滥伐和生态旅游开发，极大地破坏了它的适应生境，加速了其种群的减少和分布区的间断式片段化（范繁荣等，2008），从而致使白桂木种群间的基因交流少，小种群分化严重，种群内杂合度低，适应性弱，种群衰退（范繁荣，2010）。可通过多数种群取样进行种子或组织培养等繁殖来扩大和更新现有种群，增加种群中的幼苗数量，创造基因交流和充足的条件，保护白桂木遗传多样性（黎国运，2010，2011）。

保护价值与保护现状

为良好的荒山和园林绿化树种，木材可制家具，乳汁可提取硬性胶，果实和种子可食，根可药用。目前主要开展的是就地保护，应重视其迁地保护工作，通过人工更新的方法来保护和恢复这一濒危种群（范繁荣等，2008）。

喜树（旱莲木、丈树）

Camptotheca acuminata Decne.
蓝果树科 **Nyssaceae**

国家重点保护野生植物名录（第一批）Ⅱ级；
ESP。

形态特征

落叶乔木，高20～30 m。小枝平展，疏被白色皮孔。单叶互生，纸质，长卵形，顶端短锐尖，基部近圆形或阔楔形，全缘；疏生短柔毛，脉上较密。花杂性同株；头状花序生于枝顶及上部叶腋，由2～9个头状花序组成圆锥花序，雌花序顶生，雄花序腋生；花瓣5枚，淡绿色，卵状长圆形，早落；雄花有雄蕊10枚；雌花子房下位。翅果矩圆形，顶端具宿存的花盘，两侧具窄翅并着生成近球形的头状果序。种子1粒。花期5～7月，果期9月。

地理分布

我国广东（广州、乐昌、乳源、连州、连南、连山、南雄、曲江、和平、紫金、揭西、丰顺、怀集、肇庆）、江苏、浙江、福建、江西、湖北、湖南、四川、贵州、广西、云南。

生态与生境

多分布于海拔1000 m以下的山坡谷地。喜温暖湿润气候，在酸性、中性、弱碱性土壤上均能生长。

致濒危原因与繁殖方式

生存力和适应力均较差，种子向幼苗和幼苗向幼树的转化率低，人为和自然干扰导致其受损严重（张德辉，2001）。种子繁殖（杨学义等，2007）。

保护价值与保护现状

果实、皮、根、枝和叶均可入药，材质较好；是优良的抗污染植物、观赏树种和造林树种（张显强等，2004）。目前已在广东和广西等省区作为庭荫绿化和造林树种，得到较好的保育与推广应用。

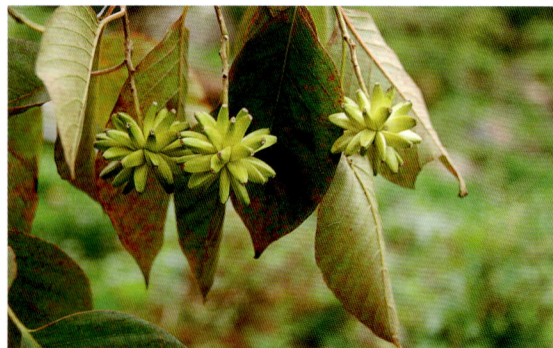

合柱金莲木（辛木）

Sinia rhodoleuca Diels

金莲木科 Ochnaceae

国家重点保护野生植物名录（第一批）I级；
中国珍稀濒危保护植物名录（第一批）**级。

形态特征

直立落叶小灌木。叶薄纸质，狭披针形或狭椭圆形，边缘有密而不相等的腺状锯齿，两面光亮无毛。圆锥花序较狭，花少数，具细长柄；萼片卵形或披针形，浅绿色；花瓣椭圆形，白色，微内拱；雄蕊花丝短，花药箭头形，2室；子房卵形，花柱圆柱形，柱头小，不明显。蒴果卵球形，熟时3瓣裂；种子椭圆形种皮暗红色。花期4～5月，果期6～7月。

地理分布

我国广东（连山、怀集、封开）、广西。

生态与生境

生于山谷水旁密林中。

致濒危原因与繁殖方式

由于森林砍伐，生境破坏和挖取根茎入药，致使植株日趋减少，有面临绝灭的危险。主要靠种子繁殖，但其种子萌发速度慢，萌发不整齐，幼苗生长缓慢，使得其在种间竞争中处于不利地位（柴胜丰等，2010）。扦插繁殖（曾丹娟等，2010）。

保护价值与保护现状

根茎可入药，为我国特有的单种属植物，有重要研究价值。目前，在其生长地封开县黑石顶已建立了自然保护区。

建兰（四季兰、秋蕙、夏蕙）

Cymbidium ensifolium（L.）Sw.

兰科 Orchidaceae

CITES 附录 II。

形态特征

多年生宿根草本。假鳞茎椭圆形，包藏于叶基之内。叶 2～6 枚，带形，较柔软，弯曲而下垂，略有光泽，顶端渐尖。花茎直立，较叶短，有花 5～18 朵，花浅黄绿色，有香味。苞片长三角形，基部有蜜腺。萼片短圆披针形，浅绿色；花瓣略向里弯，相互靠拢，有紫红色条纹，唇瓣宽圆形，3 裂不明显，中裂片端钝，反卷。花期 6～10 月，有些类型从夏至秋不断开花，故称四季兰。

地理分布

我国广东（阳春）、广西、海南、安徽、浙江、江西、福建、台湾、湖北、湖南、四川、贵州、云南、西藏。柬埔寨、印度、印度尼西亚、日本、老挝、马来西亚、巴布亚新几内亚、菲律宾、斯里兰卡、泰国、越南。

生态与生境

少见，生于疏林下、灌丛中、山谷旁或草丛中，喜阴和湿润，多生于腐殖土上。

致濒危原因与繁殖方式

因人为过度采集和生境丧失导致野生植株较少。通过分株、无菌播种和组培繁殖。

保护价值与保护现状

观赏植物和药用植物（滋阴润肺，止咳化痰，活血，止痛）。部分植株位于保护区内，保护区外的植株或居群需要加大保护力度。有大量栽培植株，右下图为建兰变种铁骨蕙心。

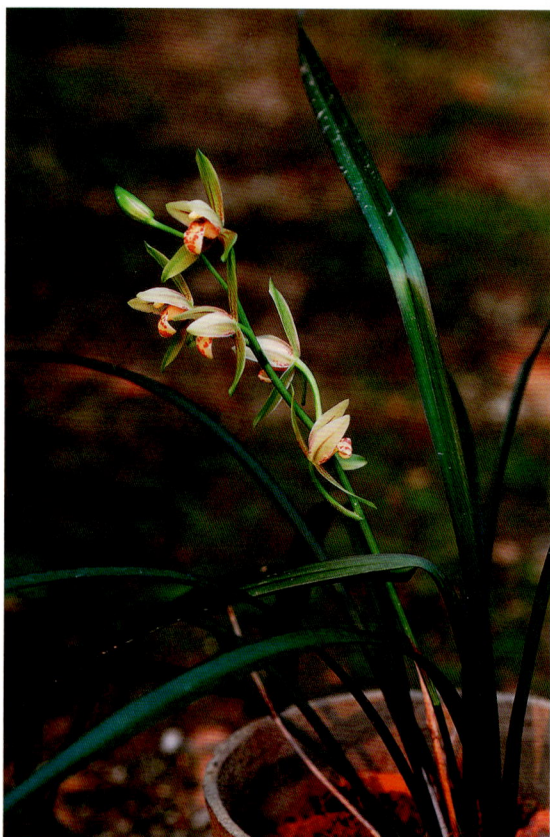

春兰（朵兰、幽兰、朵朵香等）

Cymbidium goeringii（Rchb. f.）Rchb. f.

兰科**Orchidaceae**

CITES 附录Ⅱ。

形态特征

多年生宿根草本。假鳞茎较小，卵球形。包藏于叶基之内。叶4～7枚，带形，通常较短小，下部常多少对折而呈V形，边缘无齿或具细齿。花茎直立；花芽从假鳞茎基部外侧叶腋中抽出，一般在8～9月出土，经过冬天的休眠期，在5℃左右春化3～5周才能开花。花单生，偶有两朵，淡绿色，通常在萼片上有紫褐色的条纹或斑块。花期2～3月，花清香，早春开花，栽培品种繁多。

地理分布

在我国产于北纬25°～34°（秦岭以南、南岭以北广大地区）。不丹、印度、日本、朝鲜。

生态与生境

多生于石山坡、林缘、林中透光处。喜阴喜温喜湿。

致濒危原因与繁殖方式

因人为采摘和生境丧失导致野生植株较少。通过分株、无菌播种和组培繁殖。

保护价值与保护现状

春兰是中国最古老的花卉之一，以高洁、清雅、幽香而著称，叶姿优美，花香幽远。除部分在保护区就地保护外，野生植株较少。

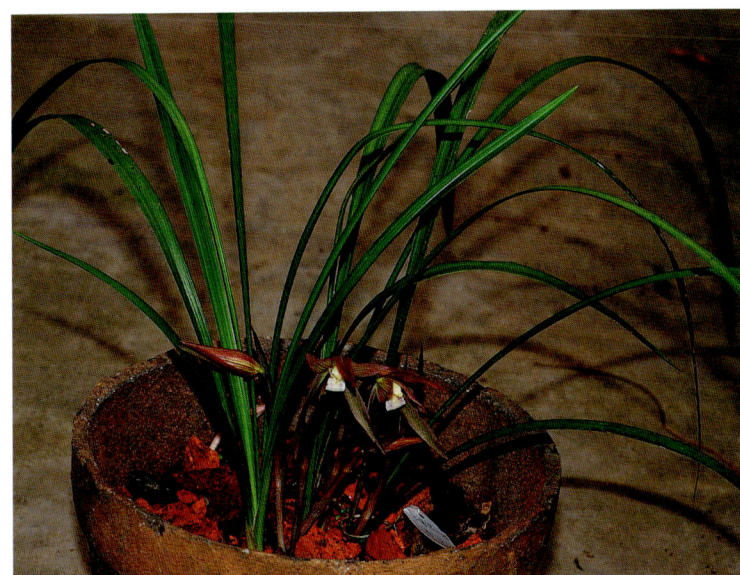

寒兰

Cymbidium kanran Makino

兰科 Orchidaceae

CITES 附录 II。

形态特征

多年生宿根草本。假鳞茎狭卵球形，包藏于叶基之内。叶 3～5（7）枚，带形，薄革质，暗绿色，略有光泽，前部边缘常有细齿。花葶发自假鳞茎基部，直立；总状花序疏生 5～12 朵花；花苞片狭披针形，花常为淡黄绿色而具淡黄色唇瓣，也有其他色泽，常有浓烈香气；蒴果狭椭圆形，花期 8～12 月。

地理分布

我国广东（北部）、安徽、浙江、江西、福建、台湾、湖南、海南、广西、四川、贵州、云南、西藏。日本、朝鲜。

生态与生境

生于林下、溪谷旁的多石土壤上，喜阴喜温喜湿，忌强光。

致濒危原因与繁殖方式

因人为采摘和生境丧失而致濒。分株、无菌播种和组培都已成功。

保护价值与保护现状

观赏花和植株。除部分在保护区就地保护外，野生植株较少，有大量栽培。

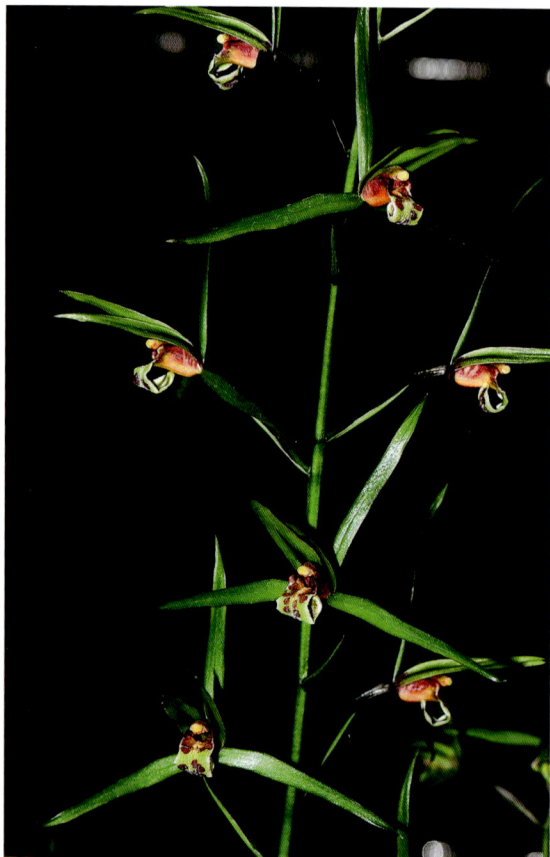

墨兰（报岁兰、拜岁兰、丰岁兰）

Cymbidium sinense（Jacks. ex Andrews）Willd.

兰科Orchidaceae

CITES 附录Ⅱ。

形态特征

多年生草本。叶4～5枚，丛生于椭圆形的假鳞茎上，叶片剑形，深绿色，有光泽。花茎直立，粗壮，通常高出叶面，在野生状态下高可达80～100 cm，有花7～17朵，苞片小，基部有蜜腺。萼片披针形，淡褐色，有5条褐色的脉，花瓣短宽；唇瓣3裂不明显，先端下垂反转。花期1～3月，品种甚多，少数在秋季开花。

地理分布

我国广东（阳春）、广西、海南、安徽、江西、福建、台湾、四川、贵州和云南。印度、日本、缅甸、泰国、越南。

生态与生境

以零星分布为主。多生于海拔300～1800 m的林下或溪谷旁。喜阴喜温喜湿，忌强光。

致濒危原因与繁殖方式

因人为采摘和生境丧失致使野生植株较少。通过分株、无菌播种和组培繁殖。

保护价值与保护现状

本种是体现植物文化的重要观赏植物。部分植株位于保护区内，保护区外的植株或居群需要加大保护力度。已有大量栽培。

丹霞兰

Danxiaorchis singchiana J.W. Zhai，F.W. Xing & Z.J. Liu

兰科 **Orchidaceae**

CITES 附录 II。

形态特征

腐生植物。植株高21～33 cm；地下茎肉质，圆柱形，具分枝和须根。花杆直立，浅红褐色；总状花序长2～9 cm，具1～13朵花；花黄色，唇瓣黄色，3裂，侧裂片直立，具浅紫红色条纹，向上围抱蕊柱，中裂片肉质，具紫红色斑点，先端圆钝，唇盘中央具1个Y形的肥厚胼胝体。蒴果纺锤形。种子圆柱形，幼嫩时白色肉质，成熟时棕褐色。花期4～5月，果期5～6月。

地理分布

仅产于我国广东仁化丹霞山。

生态与生境

生于沟边密林。

致濒危原因与繁殖方式

传粉者缺乏，自然条件下种子萌发率低致濒。可用无菌播种繁殖。

保护价值与保护现状

本种野外数量极少，而且是单种属植物，具有重要的科研价值。处于无保护状态。

铁皮石斛（黑节草、云南铁皮）

Dendrobium officinale Kimura & Migo

兰科Orchidaceae

CITES 附录Ⅱ。

形态特征

多年生附生草本植物。茎直立，圆柱形，不分枝，具多节，常在中部以上互生3～5枚叶；叶二列，纸质，长圆状披针形，先端钝并且多少钩转，基部下延为抱茎的鞘，边缘和中肋常带淡紫色；叶鞘常具紫斑。总状花序常从老茎上部发出，具2～3朵花；萼片和花瓣黄绿色，近相似，长圆状披针形，先端锐尖，具5条脉；唇瓣白色，基部具1个绿色或黄色的胼胝体，中部以下两侧具紫红色条纹，花期3～6月。

地理分布

我国安徽、浙江、福建、广西、四川、云南、浙江、台湾。近年在广东（韶关、梅州）、江西等地发现。日本。

生态与生境

生于海拔达100～1600 m的山地半阴湿的岩石上。

致濒危原因与繁殖方式

长期遭受滥采滥挖，野生状态下的植株已极少（朱鹏锦，2013）。常规繁殖采用分株或茎节扦插，繁殖速度慢，目前多采用无菌播种或组织培养进行种苗规模化生产。

保护价值与保护现状

由于它极高的药用价值，全国各地都在进行迁地保护和栽培应用，其种子或类原球茎也被进行了超低温保存。许多生态型已被华南植物园进行仿野生栽培或自然回归，野外种群数量增加显著，是兰科植物中资源保护和可持续利用的典型案例。

紫纹兜兰（香港兜兰、紫斑兜兰）

Paphiopedilum purpuratum（Lindl.）Stein

兰科**Orchidaceae**

CITES 附录I。

形态特征

地生兰。植株丛生，单株有叶3～8枚，狭矩圆状椭圆形，叶面有深绿和浅绿相间的网格斑纹，背面暗绿色。花葶紫色，具紫毛；花1朵；中萼片卵状心形，白色有深密的紫栗色脉，合萼片卵状披针形，明显小于中萼片；花瓣狭矩圆形，边缘具毛，紫栗色而有绿白色晕和黑色疣点；唇瓣盔状，紫褐色；退化雄蕊宽卵状月牙形，淡紫褐色而有绿色晕。花期10月至次年1月。

地理分布

我国广东（阳春、深圳、中山）、香港、海南、广西、云南。越南。

生态与生境

生于海拔100～1200 m以下的阔叶林下、腐殖质丰富的岩石上或溪谷旁苔藓砾石丛中。

致濒危原因与繁殖方式

因人为采摘和生境丧失导致野生植株较少。通过分株、无菌播种进行繁殖。

保护价值与保护现状

观赏植物。除部分在保护区就地保护外，野生植株较少，华南植物园和深圳兰科中心有大量栽培，并育成一些杂交新品种。华南植物园已回归成功。

锯叶竹节树

Carallia diplopetala Hand.-Mazz.

红树科 **Rhizophoraceae**

中国珍稀濒危保护植物名录（第一批）***级。

形态特征

常绿小乔木，树皮灰色，枝上有明显而不规则的木栓质的皮孔，分枝处膨大成节，似竹节。叶矩圆形，顶端渐尖或短渐尖，基部楔形，边缘全部具篦状锯齿。花序二歧分枝，有粗壮而长5 mm的总花梗；苞片褐色，阔卵形，微小；花蕾时无梗，有树脂；花萼圆形，7裂，裂片三角状卵形；花瓣玫瑰红色，为花萼裂片的2倍，2轮排列，外轮与花萼裂片互生，内轮着生于萼片上，比外轮小。果球形。花期秋末冬初，果期春季。

地理分布

我国广东（郁南、封开、罗定、信宜、高州、化州）、海南、广西、云南。越南中部省份和山区。

生态与生境

喜温暖湿润气候，生于湿热的低、中山沟谷雨林或常绿阔叶林中，海拔200～1300 m。野生居群均不大，呈散生状。

致濒危原因与繁殖方式

分布极其稀少，生境受到破坏。播种、分株或扦插繁殖均可。

保护价值与保护现状

中国特有种，花瓣为雄蕊和花薯裂片的倍数，对研究该属的分类、演化有一定的意义。目前已在分布点建立保护区，进行了初步保护。

绣球茜（绣球茜草）

Dunnia sinensis Tutcher

茜草科 Rubiaceae

国家重点保护野生植物名录（第一批）Ⅱ级；
中国珍稀濒危保护植物名录（第一批）***级。

形态特征

灌木或亚灌木，小枝常有皱纹，嫩枝有短柔毛。叶对生，披针形或倒披针形，基部下延成短柄，边缘常反卷；侧脉近边缘联接；托叶卵形或三角形，先端2裂。伞房状聚伞花序顶生，总花梗粗壮；花两性；萼管陀螺形，裂片5，微小，其中1枚扩大成叶状，白色，具3纵脉和网脉；花冠黄色，狭钟形，裂片5，镊合状排列，外面疏被短柔毛；雄蕊着生在花冠上部；蒴果近球形，种子多数，周围有圆形、膜质的翅。花期5～6月，果期6～7月。

地理分布

我国广东（龙门、新会、台山、珠海、阳春、高州）。

生态与生境

一般散生在海拔290～850 m低山的缓坡上石壁或杂木林林缘，根系比较发达，是旱生性亚热带稀树群落的主要组成成分。要求阳光充足和湿润肥沃的酸性土。

致濒危原因与繁殖方式

由于当地居民经常砍伐树干作燃料，挖根作药用，幼树难以顺利成长。本种为典型的二型花柱植物，具有互补式雌雄异位和自交不亲和的繁育机制，依赖昆虫传粉。种子繁殖（钟智波等，2009）。

保护价值与保护现状

中国特有种，对研究茜草科的系统发育有重要价值。是良好的庭园观赏植物，根能入药，被称为"野黄芩"。几个主要的分布点目前都在自然保护区内。

香果树（丁木、大叶水桐子、小冬瓜）

Emmenopterys henryi Oliv

茜草科 Rubiaceae

形态特征

落叶大乔木。叶纸质或革质；托叶三角状卵形。圆锥状聚伞花序顶生；花芳香，萼管裂片近圆形，具缘毛，脱落，变态的叶状萼裂片白色、淡红色或淡黄色，匙状卵形或广椭圆形；花冠漏斗形，白色或黄色，被黄白色绒毛，裂片近圆形；花丝被绒毛。蒴果长圆状卵形或近纺锤形，种子多数，小而有阔翅。花期6～8月，果期8～11月。

地理分布

我国广东（乐昌、连州）、安徽、福建、甘肃、广西、贵州、济南、湖北、湖南、江苏、江西、山西、四川、云南、浙江。

生态与生境

为我国亚热带中山或低山地区的落叶阔叶林或常绿、落叶阔叶混交林的伴生树种，生于海拔430～1630 m的山谷林中，喜湿润而肥沃的土壤。

致濒危原因与繁殖方式

由于毁林开荒和乱砍滥伐，加上结实少，种子萌发力较低，天然更新能力差，因而分布范围逐渐缩减，植株日益减少。已通过组织培养和扦插等技术实现人工育苗。

保护价值与保护现状

是第四纪冰川孑遗植物之一，有重要研究价值。木材可供建筑和家具用材，树皮纤维是制蜡纸和人造棉的原料。树姿优美，树形美观，叶茂花繁，花大艳丽，果具芳香，英国植物学家E. Wilson把它誉为"中国森林中最美丽动人的树"，是庭园绿化的优良树种。目前以就地保护为主。

巴戟天

Morinda officinalis F. C. How

茜草科 Rubiaceae

中国珍稀濒危保护植物名录（第一批）***级。

形态特征

木质藤本；根肉质，嫩枝被粗毛。叶纸质，全缘；托叶顶部截平，干膜质，易碎落。头状花序具花4～10朵；无花梗；花萼倒圆锥状，下部与邻近花萼合生；花冠白色，稍肉质，檐部通常3裂；花丝极短；花柱外伸或内藏，柱头长圆形；子房2～4室，每室胚珠1颗。聚花核果由多花或单花发育而成，熟时红色，扁球形或近球形，直径5～11 mm；核果具三棱形分核，外侧弯拱，被毛状物，内面具种子1，果柄极短；种子熟时黑色，略呈三棱形。花期4～7月，果期8～11月。

地理分布

我国广东（北部和中部）、福建、海南、江西、广西。

生态与生境

生于300 m以下的山地、山谷、灌丛、林缘或疏林下，常攀于灌木或乔木上。喜温暖的气候，宜阳光充足，忌干燥和积水，以排水良好、土质疏松、富含腐殖质多的砂质壤土或黄壤土为佳。

致濒危原因与繁殖方式

由于巴戟天原药及其系列产品具有巨大的市场价值，因此长期以来，对野生资源的掠夺式采挖，致使其居群大量减少，分布区日益缩减，这是主要的致濒危原因。种子萌发和扦插都可以获得成功。巴戟天种植前期需要遮阴，最佳人工栽培方式为与伴生植物套种（李小婷等，2015），在广东南雄等地一般与肉桂套种，在福建南靖等地主要与红玫瑰等经济作物套种。

保护价值与保护现状

巴戟天是我国四大南药之一，具有重要的药用价值，是需要重点保护的野生资源（刘瑾等，2009）。目前对野生资源无针对性的保护措施。广东和福建是主要的工人栽培区，基本可满足市场的需求。

伞花木

Eurycorymbus cavaleriei（H. Lév.）Rehder & Hand.-Mazz.

无患子科 **Sapindaceae**

国家重点保护野生植物名录（第一批）Ⅱ级；
中国珍稀濒危保护植物名录（第一批）**级。

形态特征

落叶乔木。叶连柄长15～45 cm，叶轴被皱曲柔毛；小叶4～10对，近对生，薄纸质，长圆状披针形或长圆状卵形。花序半球状，稠密而极多花，主轴和呈伞房状排列的分枝均被短绒毛；花芳香；萼片卵形，外被短绒毛；花瓣外被长柔毛；花丝无毛；子房被绒毛。蒴果，被绒毛；种子黑色，种脐朱红色。花期5～6月，果期10月。

地理分布

我国广东（北部和西部）、广西、湖南、江西、福建、台湾、云南、贵州、四川。

生态与生境

生于阔叶林中。

致濒危原因与繁殖方式

竞争力不强，且分布地森林遭到严重破坏，分布地逐渐缩小，已濒临灭绝。种子繁殖（耿云芬，2010）、组织培养（廖明等，2005）。

保护价值与保护现状

是第三纪残遗于我国的特有的单种属植物，具有科学研究价值。果实可榨取工业用油，也可食用；木材轻，硬而韧性强，花纹细腻，具有广泛的用途。此外，涵养水源效果好，是绿化石灰岩山地的优良速生树种。已在保护区实现就地保护。

紫荆木（木花生、山树榕）

Madhuca pasquieri（Dubard）H. J. Lam.

山榄科 **Sapotaceae**

国家重点保护野生植物名录（第一批）Ⅱ级；
中国珍稀濒危保护植物名录（第一批）**级；
ESP。

形态特征

高大乔木。叶互生，革质，倒卵形或倒卵状长圆形，两面无毛，边缘外卷，花数朵簇生叶腋，花萼4～5裂，裂片卵形，外面和内面的上部被灰色或锈色绒毛；花冠黄绿色，无毛，长圆形，钝；能育雄蕊，花丝钻形；子房卵形。果椭球形或球形，基部具宿萼，先端具宿存、花后延长的花柱；种子1～5枚，椭圆形，疤痕长圆形，无胚乳，子叶扁平，油质。花期7～9月，果期10月～翌年1月。

地理分布

零星分布于我国广东北部和西部山区，相对集中的种群分布点有3个：信宜、阳春、封开。

生态与生境

生于低山或丘陵地带的混交林中或山地林缘，土壤多为花岗岩或石灰岩。为阳性树种，能耐干旱瘠薄的环境。幼年时生长较缓慢。

致濒危原因与繁殖方式

天然更新能力弱，在密林中很少见到幼苗和幼树。种子繁殖。

保护价值与保护现状

是珍贵用材和油料兼备的好树种。木材坚重，耐水湿，花纹美观，精制后可作建筑、家具的上等良材；种子含油率约45%，可作食用油。就地保护为主。

银鹊树（瘿椒树）

Tapiscia sinensis Oliv.

省沽油科Staphyleaceae

中国珍稀濒危保护植物名录（第一批）***级。

形态特征

落叶乔木，高8～15 m，树皮灰黑色或灰白色，有清香。奇数羽状复叶，互生；小叶5～9，狭卵形或卵形，基部心形或近心形，边缘具锯齿，上面绿色，背面带灰白色，密被近乳头状白粉点。圆锥花序腋生，雄花与两性花异株，花小，黄色，有香气；两性花：花萼钟状；花瓣5，雄蕊5，与花瓣互生，伸出花外；子房1室1胚珠，花柱长过雄蕊；雄花有退化雌蕊。核果近球形或椭圆形，熟时紫黑色。花期5～6月，果期8～9月。

地理分布

我国广东（乐昌）、浙江、安徽、湖北、湖南、广西、四川、云南、贵州、江西、福建、陕西。

生态与生境

喜生于年平均气温10～14 ℃的山谷、山坡和溪边湿润肥沃向阳的环境；适应性强，在土壤酸性、中性乃至偏碱性土壤均能生长，较耐寒。天然分布的银鹊树常生长在切割较深的山谷溪沟两旁或山坡低洼处，甚至生长在小溪滩地的岩石缝里。

致濒危原因与繁殖方式

野外分布稀少，受生境破坏影响严重。以播种繁殖为主。

保护价值与保护现状

为我国特有的古老植物，对研究亚热带植物区系起源和省沽油科的系统发育，有一定的科学价值。木材好，可作家具、板料。树姿美观，秋叶黄色，又可作园林绿化树种。目前已在其分布区内建立了自然保护区进行就地保护，其他地方也有迁地保护。

丹霞梧桐

Firmiana danxiaensis H. H. Hsue & H. S. Kiu

梧桐科 Sterculiaceae

国家重点保护野生植物名录（第一批）Ⅱ级；ESP。

形态特征

落叶乔木，高3~8 m。树皮黑褐色；幼枝青绿色。叶薄革质，近圆形，顶端圆，有短尾尖，基部心形，全缘或稀在顶部3浅裂，有光泽，两面无毛；基出脉7条。圆锥花序顶生，密被黄色星状柔毛；花紫红色，两性，花药15枚，集生于雄蕊柄顶端；雌花的子房近球形，有5条纵沟，密被星状柔毛。蓇葖果卵状披针形，近无毛，具种子2~3个；种子圆球形，淡黄褐色。花期4~5月，果期6~8月。

地理分布

我国广东（仁化丹霞山和南雄县）。

生态与生境

海拔100~600 m。主要分布在丹霞地貌岩壁的石缝及山谷的浅土层中，多有小石积、金针花、还魂草、石蒜等伴生植物（王鹏，2010）。

致濒危原因与繁殖方式

自然落籽在原地砂砾地上不易成苗（丘华兴，1994），分布区狭小，长期人为破坏也是致濒原因。已实现种子繁殖。

保护价值与保护现状

适合作为庭院观赏树木和造林的先锋树种（王鹏，2010；徐祥浩等，1987）。目前，仁化林业局和丹霞山管理局通过种子发芽的树苗长势良好（周红菊等，2010）。2013年有部分种苗回归到丹霞山和广东连州田心自然保护区，目前长势良好（Zhang et al.，2014）。

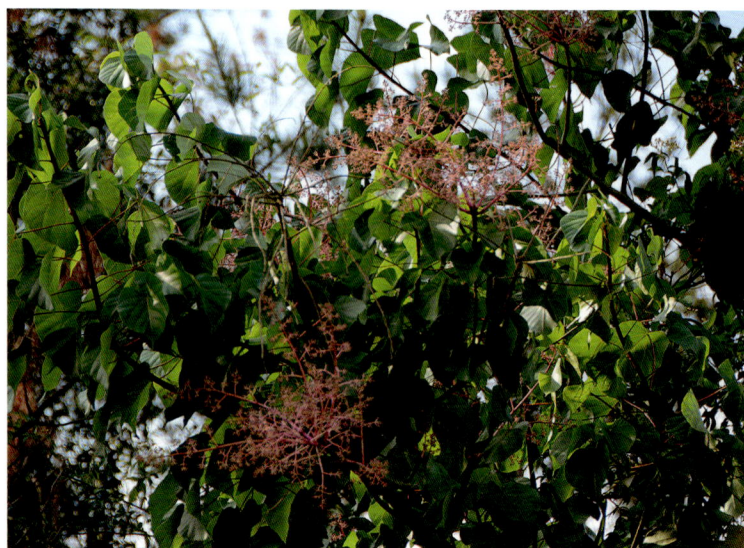

白辛树
（鄂西野茉莉、裂叶白辛树、刚毛白辛树）

Pterostyrax psilophyllus Diels ex Perkins

安息香科 Styracaceae

形态特征

乔木。叶硬纸质，被星状绒毛。圆锥花序顶生或腋生；花白色，花瓣长椭圆形或椭圆状匙形，顶端钝或短尖；雄蕊10枚，花丝宽扁，两面均被疏柔毛，花药长圆形，子房密被灰白色粗毛，柱头稍3裂。果近纺锤形，中部以下渐狭，密被灰黄色疏展、丝质长硬毛。花期4～5月，果期7～10月。

地理分布

我国广东(乳源、英德)、广西、云南、湖南、湖北、四川、贵州、陕西。

生态与生境

生于海拔700～1500 m林中，成散生状分布，喜生于气候温凉、郁闭度高、环境湿润的山沟及山坡密林中。

致濒危原因与繁殖方式

在许多地方长期被作为采伐树种，且常不开花或只开花不结实，或开花时落花较多，结实后种子萌发率低，所以往往林下无幼苗，自然更新能力较差。白辛树适于用种子育苗，成熟的种子采集沙藏过冬，春天播种时用温水催芽，当年苗木可生长到近70 cm，每公顷可育苗达45万株（陈焦成，1993；陈进成等，2014）。

保护价值与保护现状

树干直，树形美观，花序大、芳香，是良好的观赏和用材树种。白辛树所隶属的安息香科是合瓣花类型中系统位置较低的科，表现在花瓣连合的程度还不高，所以其系统位置重要。另外，以白辛树为代表的白辛树属，代表着该科中一个较进步的类型，在研究系统演化以及对研究亚洲东部植物区系、中国及日本植物区系间的发生、演变和相互间的联系等都具有一定的科研价值和意义（狄维忠等，1989）。蔡长顺（2002）调查了野生白辛树在湖南省保靖县的生长状况，认为在当地生长情况良好，适应性强，资源丰富，种源充足，可以将白辛树作为林业生态工程和退耕还林工程的优良树种。

木瓜红
（野草果、大果芮德木、硕果芮德木）

Rehderodendron macrocarpum H. H. Hu

安息香科 Styracaceae

中国珍稀濒危保护植物名录（第一批）**级。

形态特征

小乔木。叶长卵形、椭圆形或长圆状椭圆形，边缘有疏锯齿，上面绿色，下面灰绿色，叶脉常紫红色。总状花序有花6～8朵，生于小枝下部叶腋；花白色，与叶同放；花冠裂片椭圆形或倒卵形，两面均密被细绒毛；雄蕊长者较花冠稍长，短者与花冠近相等；花柱棒状，较雄蕊稍长。果实长圆形或长卵形，熟时红褐色；种子长圆状线形，栗棕色。花期3～4月，果期7～9月。

地理分布

我国广东（乳源）、广西、湖南、四川、云南。

生态与生境

生于海拔500～1400 m密林中，野外不多见。

致濒危原因与繁殖方式

果实在自然条件下难于散播远处，种子常隔年发芽，寿命短，不耐久藏，天然更新难。万才淦(1991)研究表明，种子在采收后即播或湿藏过冬，否则干藏的种子超过6个月就会全部失去活力。种子繁殖。

保护价值与保护现状

为中国特有的稀有珍贵树种，其木材结构紧密，纹理细致，硬度适中，切面光滑，供家具及细木工等用。此外，其树姿古雅，白花红果奇特美丽，可供庭园观赏。随着林区的开发，木瓜红常被视为杂木而伐除，多成零星散生，植株日趋稀少，天然更新不良，应保护好母树，否则将会陷入濒危之境。

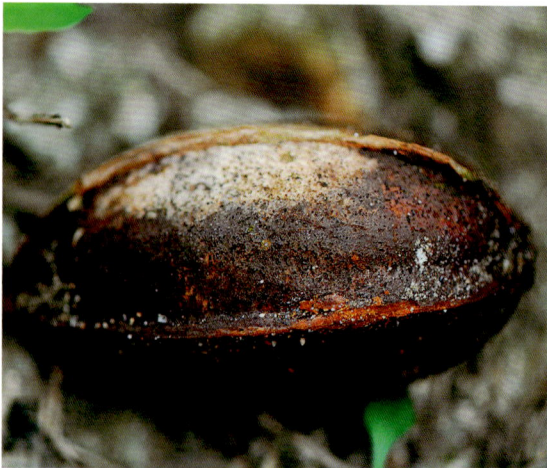

圆籽荷

Apterosperma oblata Hung T. Chang
山茶科 **Theaceae**

形态特征

常绿小乔木，高3～10 m，嫩枝被柔毛，老枝无毛，干后黑褐色。叶聚生于枝顶，革质，狭椭圆形，先端渐尖，基部楔形，上面深绿色，无毛；近叶缘处联结，在两面均明显，边缘有钝锯齿；叶柄被短柔毛。花两性，顶生或腋生，有时5～9朵生于嫩枝顶，排成总状花序，淡黄色，被柔毛；花瓣5，阔倒卵形，基部连生；雄蕊排成两轮，花丝扁平，花药2室，基部叉开；子房圆锥形。蒴果扁球形，种子圆肾形，褐色，无翅。花期5～6月，果期8～10月。

地理分布

我国广东（阳春、信宜、恩平）、广西。

生态与生境

生于海拔600 m以下常绿阔叶林中。

致濒危原因与繁殖方式

生境破坏是本种濒危的主要原因，在产地应加强保护管理禁止砍伐。种子育苗、人工扦插和嫁接等繁殖技术已获成功。

保护价值与保护现状

我国特有单种属植物，有一定的材用和科研价值。野生植株不多，已在阳春鹅凰嶂自然保护区就地保护。

红皮糙果茶

Camellia crapnelliana Tutcher

山茶科 **Theaceae**

中国珍稀濒危保护植物名录（第一批）**级。

形态特征

常绿小乔木，高5～7 m，树皮红色。叶厚革质，倒卵状椭圆形至椭圆形，侧脉约6对，边缘有细钝齿，叶柄无毛。花顶生，单花。苞片3片，紧贴着萼片；萼片5，倒卵形，外侧有茸毛，脱落；花冠白色，花瓣6～8，倒卵形，基部稍厚，革质，背面有毛；雄蕊多轮，无毛，外轮花丝与花瓣连生；子房有毛，花柱3条，有毛。胚珠每室4～6个。蒴果球形较大，干后疏松多孔隙，3室，每室有种子3～5个。花期3～5月，果期9～10月。

地理分布

我国广东省广州市从化吕田乡和惠东古田（陈里娥等，1997；缪绅裕，1993；徐庆华等，2012）、香港、广西南部、福建、江西及浙江南部。

生态与生境

生长于低海拔的季风常绿阔叶林中，喜富腐殖质土壤。

致濒危原因与繁殖方式

是人们砍伐薪炭柴的对象，栖息地的不断丧失和砍伐，使种群在不断减少（苏志尧等，2000）。插穗繁殖，NAA和IBA都可以诱导其生根（魏琦，2001；2014）。

保护价值与保护现状

油料和观赏植物。在惠东的沉水自然保护区有就地保护，华南植物园已繁殖成功。

大苞白山茶（大苞山茶）

Camellia granthamiana Sealy

山茶科 Theaceae

中国珍稀濒危保护植物名录（第一批）**级。

形态特征

乔木，高8m，嫩枝无毛。叶革质，椭圆形或长椭圆形，先端急渐尖，基部圆形或钝，上面干后暗绿色，稍发亮，无毛，下面黄褐色，无毛，边缘有锯齿。花白色，单生于枝顶，无柄；苞片及萼片大，宿存。花瓣8～10片，长圆形，先端圆或2裂，基部连生，无毛；雄蕊排成多轮，离生，基部与花瓣连生。蒴果圆球形，完全被宿存萼片及苞片包着。种子近圆形。花期3～4月，果期10～12月。

地理分布

广我国东（深圳、大埔、海丰、陆丰、惠阳）、香港。

生态与生境

生于低海拔丘陵山谷或疏林下，耐阴和耐贫瘠。

致濒危原因与繁殖方式

生境破坏是致濒危的主要原因。种子和扦插繁殖。

保护价值与保护现状

有重要的科研价值。野生植株少见。有一部

长瓣短柱茶

Camellia grijsii Hance

山茶科 Theaceae

中国珍稀濒危保护植物名录（第一批）**级。

形态特征

灌木或小乔木。叶革质，长圆形，先端渐尖或尾状渐尖，基部阔楔形或略圆，无毛，或中脉基部有短毛，叶柄有柔毛。花顶生，白色，花梗极短；苞被片9～10片，半圆形至近圆形，革质，无毛，花开后脱落；花瓣5～6片，倒卵形，先端凹入；雄蕊基部连合或部分离生，无毛，花药基部着生；子房有黄色长粗毛；花柱无毛，先端3浅裂。蒴果球形，1～3室。花期1～3月，果期9～10月。

地理分布

广东（肇庆鼎湖山、英德）、福建、江西、云南、海南。

生态与生境

生于海拔150～500 m的常绿阔叶林。喜温暖湿润气候，在阳光较充足和肥沃、疏松的壤土上生长良好，也能耐阴。

致濒危原因与繁殖方式

生境丧失及人为干扰导致种群数量极少。种子萌发与扦插繁殖。

保护价值与保护现状

油料和观赏植物。尚未建立就地保护。

野茶（茶、野生茶）

Camellia sinensis（L.）Kuntze

山茶科 Theaceae

中国珍稀濒危保护植物名录（第一批）**级。

形态特征

灌木或小乔木。叶革质，长圆形或椭圆形，上面发亮，下面无毛或初时有柔毛，侧脉5～7对，边缘有锯齿，无毛。花1～3朵腋生，白色，花柄长4～6 mm，有时稍长；苞片2，早落；萼片5，阔卵形至圆形，无毛，宿存；花瓣5～6，阔卵形，基部略连合，背面无毛，有时有短柔毛；子房密生白毛；花柱无毛，先端3裂。蒴果球形，每球有种子1～2粒。花期10月至翌年2月，果期8～9月。

地理分布

我国广东（东部和北部），遍布于长江以南各省山区（虞富莲等，1990）。

生态与生境

喜湿润气候和酸性土壤（宋维希等，2014；虞富莲等，2010）。耐阴植物，喜弱光和散射光（虞富莲等，1990）。

致濒危原因与繁殖方式

因生境丧失和人为砍伐致濒危。以扦插繁殖为主。

保护价值与保护现状

有重要的经济价值（吕国利等，2001；陈杖洲等，2007；孙雪梅等，2012）。南岭自然保护区有就地保护。广东茶叶研究所有种质迁地保存。

猪血木

Euryodendron excelsum Hung T. Chang

山茶科 Theaceae

中国珍稀濒危保护植物名录（第一批）**级；ESP。

形态特征

常绿乔木，高15～25 m，胸径60～150 cm；顶芽被短柔毛；树皮灰褐色。叶互生，薄革质，长圆形，边缘具细锯齿；花两性，白色，花梗无毛；萼片5，革质，近圆形，顶端圆，微凹，边缘具纤毛；花瓣5，倒卵形，顶端圆；雄蕊约25，基部稍膨大，卵形，被长丝毛；子房上位，圆球形，表面具不规则瘤状突起，花柱不分裂。浆果圆球形，肉质，成熟时紫黑色，萼片宿存；种子圆肾形，褐色，表面具不规则网纹或皱纹。花期7～8月，果期8月至翌年1月。

地理分布

曾记载我国广西省平南县和广东有分布，但目前仅在广东省阳春市八甲镇发现少数残存植株，已濒于灭绝。

生态与生境

一般生于海拔50～150 m的村旁疏林中。

致濒危原因与繁殖方式

过度砍伐和生境破坏是本种濒于灭绝的主要原因。种子萌发、扦插和嫁接繁殖。

保护价值与保护现状

我国特有单种属，具有重要的科研价值，是优良的材用和观赏树种。对产地现存植株进行挂牌就地保护，严禁砍伐，并采种育苗，扩大栽培。广东阳春鹅凰嶂省级自然保护区已实现种子萌发、扦插和嫁接繁殖。

土沉香（白木香、女儿香、沉香）

Aquilaria sinensis (Lour.) Spreng.

瑞香科 **Thymelaeaceae**

国家重点保护野生植物名录（第一批）Ⅱ级；
中国珍稀濒危保护植物名录（第一批）***级；
CITES附录Ⅱ。

形态特征

乔木，高5～16 m，树皮暗灰色；小枝圆柱形，具皱纹。叶革质，圆形、椭圆形至长圆形，先端锐尖或急尖而具短尖头，基部宽楔形，两面均无毛；叶柄被毛。花芳香，黄绿色，多朵组成伞形花序；花梗密被黄灰色短柔毛；萼筒浅钟状，两面均密被短柔毛；花瓣10，鳞片状，着生于花萼筒喉部，密被毛；雄蕊10，花药长圆形；子房卵形，密被灰白色毛，花柱极短或无。蒴果果梗短，每室具1褐色种子，卵球形。花期3～6月，果期9～10月。

地理分布

我国广东（中部及西部）、海南、广西、福建、云南。

生态与生境

喜生于低海拔的山地、丘陵以及路边疏林中。喜土层厚、腐殖质多的湿润而疏松的砖红壤或山地黄壤。常与托盘青冈、黄桐、橄榄、水石梓等混生。为弱阳性树种。

致濒危原因与繁殖方式

是中国特有而珍贵的药用植物。由于人为过度采伐，现仅有零星散生的残存野生植株。以种子繁殖为主，也可通过组织培养的无性繁殖技术进行大量繁殖（李戈等，2009）。

保护价值与保护现状

该植物老茎受伤后所积得的树脂，俗称沉香，为治胃病特效药。此外，该树脂及花均可供制香料，是传统名贵药材和天然香料，有镇静、止痛、收敛、驱风的功效，价格非常昂贵。已建立保护小区（叶勤法等，1998）。目前已经有大量的人工栽培林。

青檀（檀树、翼朴、青壳椰树）

Pteroceltis tatarinowii Maxim.

榆科 Ulmaceae

中国珍稀濒危保护植物名录（第一批）***级。

形态特征

乔木。叶纸质，宽卵形至长卵形，边缘有不整齐的锯齿，基部三出脉；叶幼时被短硬毛，后脱落，常残留有圆点，光滑或稍粗糙，叶背淡绿。翅果状坚果近圆形或近四方形，黄绿色或黄褐色，翅宽，稍带木质，有放射线条纹，下端截形或浅心形，顶端有凹缺，果实外面无毛或多少被曲柔毛，有时具耳状附属物，具宿存的花柱和花被，果梗纤细，被短柔毛。花期3～5月，果期8～10月。

地理分布

我国广东（乐昌、乳源、连山、连南、连州、英德、阳山、封开）。

生态与生境

具有较强的耐旱性，常生于海拔100~1500 m山谷溪边或石灰岩山地疏林中。

致濒危原因与繁殖方式

被人为砍伐后自我更新能力较弱而少见。种子具有深休眠特性，天然更新弱（洑香香等，2002；张兴旺等，2007）。以种子繁殖为主（杨成华，方小平，1996），也可扦插育苗（王鸣凤等，2000；王峰等，2015）。

保护价值与保护现状

是我国特有的珍贵树种和宣纸原料，具有很高的利用价值。其材质坚硬细密，是建筑和高档家具用材；其叶可作为高级营养型饲料添加剂。还是石灰岩山地造林的优良先锋树种（段凤芝等，1996）。目前已经有研究对青檀的苗木培育技术、立地条件与生产力、经营措施与生产力以及人工林优化栽培模式组装等方面进行了研究（詹森梁，1994；李光友等，2001；侯嫦英等，2010）。

榉树（大叶榉树）

Zelkova schneideriana Hand.-Mazz.

榆科 Ulmaceae

国家重点保护野生植物名录（第一批）Ⅱ级。

形态特征

乔木，高达 35 m，树皮灰白色或褐灰色，呈不规则的片状剥落。叶厚纸质，变异大，卵形、椭圆形或卵状披针形，叶缘具单锯齿，叶正面粗糙，下面被密柔毛。花单性，稀杂性，雌雄同株，雄花 1～3 朵簇生于叶腋，雌花或两性花常单生于小枝上部叶腋。花被片宿存。核果几乎无梗，淡绿色，斜卵状圆锥形，上面偏斜，果皮有皱纹。花期 4 月，果期 9～11 月。

地理分布

我国广东（乳源、乐昌）、广西、贵州、云南、江苏、浙江、安徽、江西、湖南、湖北、河南、陕西、甘肃、四川、西藏。

生态与生境

喜光、温暖湿润气候，喜深厚、肥沃、湿润的土壤，对土壤的适应性强，在微酸性、中性、石灰质土及轻度盐碱土上均可生长（毕波等，2011）。在干燥瘠薄的山地上生长不良，深根性，侧根扩张，抗风力强，树冠庞大，落叶量多，有改良土壤之功效，初期生长稍慢，年后生长加快，寿命长。常生于溪间水旁或山坡土层较厚的疏林中，海拔 200～1100 m。

致濒危原因与繁殖方式

种子萌发率低、自然更新困难，而且频遭人类砍伐，特别是近年来国内外对榉树的需求量急剧增加，偷伐现象日益严重，使野生资源日渐稀少。种子繁殖、嫁接和扦插繁殖。

保护价值与保护现状

木材致密坚硬，纹理美观，耐腐力强，其老树心材常带红色，故又称"血榉"，为供造船、桥梁、车辆、家具、器械等用的上等木材（中国植物志 22 卷）。目前有关榉树保护生物学方面的研究少有报道。金晓玲（2003）综合形态学、分子生物学和细胞工程等手段，研究阐明了榉树的生物学特性和遗传变异的规律。

珊瑚菜

Glehnia littoralis F. Schmidt ex Miq.

伞形科 Umbelliferae

国家重点保护野生植物名录（第一批）Ⅱ级；
中国珍稀濒危保护植物名录（第一批）***级。

形态特征

多年生草本，全株被白色柔毛。根细长，圆柱形或纺锤形，表面黄白色。茎露于地面部分较短，分枝，地下部分伸长。叶多数基生，厚质，有长柄；叶片轮廓呈圆卵形至长圆状卵形，三出式分裂至三出式二回羽状分裂，边缘有缺刻状锯齿，齿边缘为白色软骨质；茎生叶与基生叶相似，叶柄基部逐渐膨大成鞘状，有时茎生叶退化成鞘状。复伞形花序顶生，密生浓密的长柔毛；果实近圆球形或倒广卵形，果棱有木栓质翅；花果期6～8月。

地理分布

我国广东（惠来、深圳、吴川、陆丰、阳江）、辽宁、河北、山东、江苏、浙江、福建、台湾、海南（宋春凤等，2014）。日本、俄罗斯。

生态与生境

生于海边沙滩或栽培于肥沃疏松的沙质土壤中。

致濒危原因与繁殖方式

种子萌发率低，天然繁殖率不高。此外，作为药用植物"北沙参"，被过度挖掘利用。采用适宜浓度的GA3和6-BA溶液浸泡后可提高种子萌发率。组织培养亦获成功（惠红等，1996；李宏博等，2010）。

保护价值与保护现状

中国特有种，植物根经加工后可药用，即商品药材"北沙参"，有清肺、养阴止咳的功效。人工栽培普遍，但存在种质退化的问题。香港亦将其列为珍稀植物加以保护（刘玉函等，2010；周劲松等，2006）。

海南石梓（苦梓）

Gmelina hainanensis Oliv.

马鞭草科 **Verbenaceae**

国家重点保护野生植物名录（第一批）Ⅱ级；
中国珍稀濒危保护植物名录（第一批）＊＊＊级。

形态特征

乔木，高约15 m，胸径可达50 cm，树干直；幼枝被黄色绒毛，老枝无毛，枝条有明显的叶痕和皮孔；叶对生，厚纸质，卵形或宽卵形，全缘，基生脉三出，叶柄有毛。聚伞花序排成顶生圆锥花序，总花梗被黄色绒毛；花冠漏斗状，黄色或淡紫红色，两面均有灰白色腺点；二强雄蕊；子房上部具毛，下部无毛。核果倒卵形，肉质，着生于宿存花萼内。花期5～6月，果期6～9月。

地理分布

我国广东（乳源、广州、兴宁、阳春）、海南、江西、广西。越南。

生态与生境

生于海拔250～500 m的低地常绿季风林、山坡疏林中。

致濒危原因与繁殖方式

过度砍伐及生境破坏致濒。种子萌发和扦插繁殖（吴持平，1985；叶茂富，1983）。

保护价值与保护现状

木材性能与世界名材柚木（*Tectona grandis* L. f.）相似（洪小江，2008）。已在海南多地建立保护区（钟义等，1991），广东等省已引种栽培，可作为造林树种（苏泽群等，2008）。

第二部分
广东省分布的其他珍稀濒危植物

Chapter 2
The Other Rare and Endangered Plants in Guangdong

（一）蕨类植物 Pteridophyta

千层塔（蛇足石杉、蛇足石松）

Huperzia serrata（Thunb.）Trevis

石杉科 Huperziaceae

形态特征

多年生草木。茎直立或斜生，高10～30 cm，二至四回二叉分枝，枝上部常有芽。叶螺旋状排列，疏生，平伸，狭椭圆形，向基部明显变窄，通直，基部楔形，下延有柄，先端渐尖或急尖，边缘平直，有粗大或略小而不整齐尖齿，两面光滑，有光泽，中脉突出明显，薄革质。孢子叶与不育叶同形；孢子囊生于孢子叶的叶腋，两端露出，肾形，黄色。

分布及现状

我国广东北部、西部和东部野外有零星分布，受人为干扰和采集影响较大。

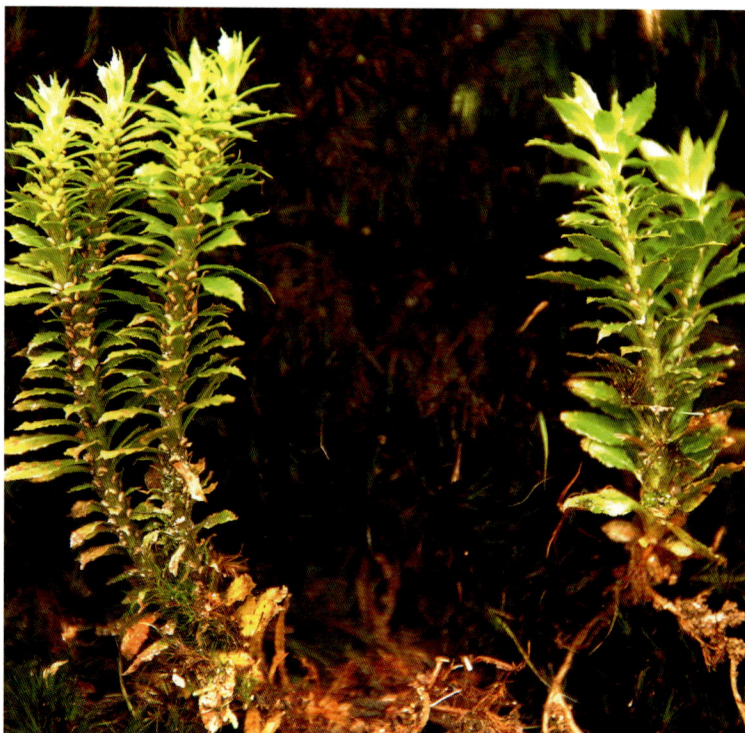

（二）裸子植物 Gymnospermae

三尖杉（狗尾松、三尖松、山榧树等）

Cephalotaxus fortunei Hook.
三尖杉科 Cephalotaxaceae

形态特征

常绿乔木，高10～20 m。树皮红褐色，裂成不规则片状脱落；枝对生，稍下垂。叶螺旋状排成两列，披针状条形，稍弯曲，上面中脉隆起，下面中脉两侧有白色气孔带。花单性，雌雄异株；雄球花8～10头状聚生于枝上端叶腋，基部及上部有18～24枚苞片；雌球花由数对交互对生。种子椭圆状卵形或近圆形，假种皮成熟时紫色或红紫色，顶端有小尖头。花期4月，种子10～11月成熟。

分布及现状

广泛分布于我国南方各省，广东省内的乐昌、乳源、南雄、始兴、连山、连州、阳山、仁化、和平、连平、大埔、平远、惠东、丰顺、怀集有分布。现存种群数量少。

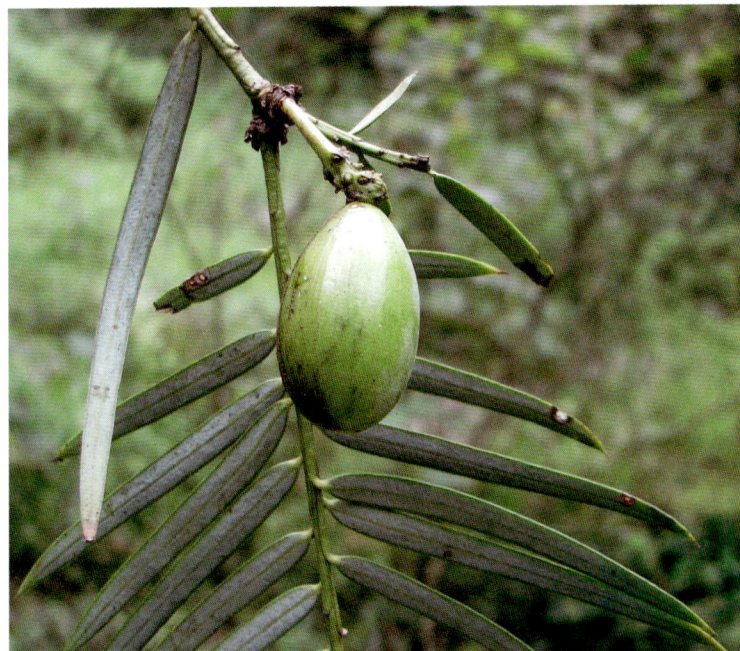

粗榧（中华粗榧杉、粗榧杉、中国粗榧）

Cephalotaxus sinensis（Rehder & E. H. Wilson）H. L. Li

三尖杉科**Cephalotaxaceae**

形态特征

灌木或小乔木，高可达15 m；叶条形，排列成两列，通常直，基部近圆形，几无柄，上部通常与中下部等宽或微窄，先端通常渐尖或微凸尖，稀凸尖。中脉明显，下面有2条白色气孔带，较绿色边带宽2～4倍。雄球花6～7聚生成头状，基部及总梗上有多数苞片，雄球花卵圆形，基部有1枚苞片，雄蕊4～11枚。种子通常2～5个着生于轴上，卵圆形或近球形，顶端中央有一小尖头。花期3～4月，种子8～10月成熟。

分布及现状

我国广东（乳源、饶平、信宜）、江苏、浙江、安徽、福建、江西、河南、湖南、湖北、陕西、甘肃、四川、云南、贵州。就地保护为主。

罗汉松（罗汉杉、长青罗汉杉、土杉）

Podocarpus macrophyllus（Thunb.）Sweet
罗汉松科 **Podocarpaceae**

形态特征

乔木，高达20 m，胸径达60 cm；枝较密。叶螺旋状着生，条状披针形，基部楔形，上面深绿色，有光泽，中脉显著隆起，下面带白色或淡绿色，中脉微隆起。雄球花穗状、腋生，常3～5个簇生于极短的总梗上，基部有数枚三角状苞片；雌球花单生叶腋，有梗，基部有少数苞片。种子卵圆形，先端圆，熟时肉质假种皮紫黑色，有白粉，种托肉质圆柱形，红色或紫红色。花期4～5月，种子8～9月成熟。

分布及现状

产于我国南方各省，广东北部山区和部分海岛有分布，野生的植株极少，属珍稀物种。由于罗汉松具有极高的观赏价值，目前被广泛栽培。

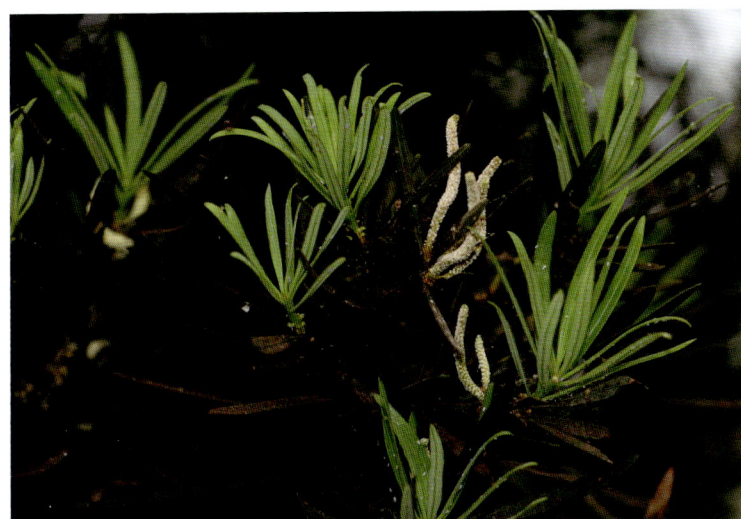

（三）被子植物 Angiospermae

大果五加（马蹄参、野枇杷）

Diplopanax stachyanthus Hand.-Mazz.

五加科 Araliaceae

形态特征

乔木，高5～13 m。枝暗棕色，有长圆形皮孔。单叶，革质，倒卵状披针形或长圆形，叶背沿中脉有稀疏的星状毛或无毛，全缘；叶柄粗壮；无托叶。花两性，单生穗状圆锥花序，主轴粗壮；花序上部的花单生，下部的花排成伞形花序；花瓣5枚，肉质，外面有短柔毛。果实长圆状卵形，稍侧扁，无毛，外果皮厚，稍有纵脉；种子1个，侧扁而弯曲，胚横截面成马蹄形。花期6～7月，果期9月。

分布及现状

我国广东（乳源、连山、阳春、阳江）、广西、湖南。野生植株少见。

长梗木莲

Manglietia longipedunculata Q. W. Zeng
& Y. W. Law

木兰科 **Magnoliaceae**

形态特征

常绿乔木，高可达20 m。叶革质、狭倒卵形，先端短急尖，通常尖头钝，基部楔形，沿叶柄稍下延，边缘稍内卷，下面疏生红褐色短毛；侧脉每边8～12条；叶柄长1～3 cm，基部稍膨大；托叶痕半椭圆形。总花梗较长，有环状苞片脱落痕。花被片纯白色，近革质；蓇葖果褐色，卵球形，露出面有粗点状凸起，种子红色。花期5月，果期10月。

分布及现状

原产于我国广东南昆山自然保护区，仅11株野生，已通过种子繁殖近500株，并在广州、连州、东莞等地迁地保护成功（Ren et al., 2015）。

虎颜花

Tigridiopalma magnifica C. Chen

野牡丹科 **Melastomataceae**

形态特征

多年生常绿草本。叶膜质，被毛，边缘具细齿，基出脉9；具叶柄。直立茎短，被毛；蝎尾状聚伞花序腋生，具长花序梗；苞片极小，花瓣5，花萼漏斗形，花瓣常为倒卵形；雄蕊10枚，5长5短，弯曲；花丝丝状，花药线形；子房卵形上位。蒴果漏斗状杯形；种子小，楔形。花期11月，果期翌年3～5月。

分布及现状

我国广东阳春市、高州市。组培苗在原产地阳春鹅凰嶂保护区回归成功，也在广东省连州田心自然保护区建立了回归种群（Ren et al., 2012b）。

广东女贞

Ligustrum guangdongense R. J. Wang & H. Z. Wen

木犀科 Oleaceae

形态特征

常绿灌木。叶对生，卵形，纸质或革质，上下表面光滑，叶背有少数腺体。顶生圆锥花序有花5～28朵，花白色。花萼钟状，光滑无毛，萼宿存，有时随心皮生长开裂。雄蕊2枚，多长至花冠筒喉部。核果成熟时呈倒卵球形，顶部急尖；种子呈长方形或椭球形，纵脊不明显。花期2～5月，果期5～9月（Wen et al., 2011）。

分布及现状

我国广东深圳大鹏半岛。少见。

毛茶

Antirhea chinensis (Champ. ex Benth.) Benth. & Hook. f. ex F. B. Forbes & Hemsl.

茜草科 Rubiaceae

形态特征

直立灌木，高1～2 m。小枝有皮孔和叶柄的疤痕；嫩枝、叶背面、花序和花均密被平压的柔毛。叶对生，纸质，长圆形或长圆状披针形，长2～9 cm，宽1～2.5 cm，顶端长尖，上面无毛或疏生柔毛，全缘，略反卷；托叶三角形，长约4 mm，迟落。聚伞花序腋生，有长而细的总花梗；花黄色，花冠筒状漏斗形，外面密被绢毛，顶部4裂，广展；花萼裂片条形或披针形，大小常不相等。核果长圆形，长5～7 mm，具棱，被疏柔毛，紫黑色，内含4个分核；种子圆柱形，细长。花期4～6月，果期8～11月。

分布及现状

我国广东（博罗、深圳、中山、珠海、阳江、台山、徐闻）、澳门、香港、海南。野生植株少见。

宽昭茜

Foonchewia coriacea（Dunn）Z. Q. Song

茜草科 **Rubiaceae**

形态特征

　　小灌木。叶对生，革质无毛，倒披针形。苞片线形，小苞片钻形。花萼筒光滑。花冠下面白色或黄色，无毛，花冠筒喉部被有浓密软毛。花二型，长柱花：花冠筒上半部分密布绒毛，内藏雄蕊；花柱长，伸出花冠筒外。短柱花：花冠筒下部密布绒毛，雄蕊伸出花冠筒外，柱头有疣状突起。种子多数，微小，棕色或黑色，表面网状。生长于次生混交林下，海拔430～1100 m。花期4～5月。

分布及现状

　　我国广东（博罗、惠东、梅州、潮州、大埔、丰顺、饶平）、福建。为我国特有的单种属植物。野生植株数量不多（Wen et al., 2012；Song et al., 2016）。

乌檀（胆木、药乌檀）

Nauclea officinalis（Pierre ex Pit.）Merr. & Chun

茜草科 Rubiaceae

形态特征

乔木。叶纸质，椭圆形，稀倒卵形，干时上面深褐色，下面浅褐色；托叶倒卵形。头状花序单个顶生；果序中的小果融合，成熟时黄褐色，表面粗糙；种子椭球状，平凸形，种皮黑色有光泽，有小窝孔。花期夏季，果实秋季成熟。

分布及现状

我国广东（乳源、蕉岭、连州、阳山、英德、从化、梅州、高要、茂名、信宜、阳春、高州）、香港、海南、广西、云南均有自然分布，已有人工育苗。

石生螺序草

Spiradiclis petrophila H. S. Lo

茜草科 **Rubiaceae**

形态特征

多年生直立草本。叶片卵形或卵状椭圆形，两面密被短柔毛；托叶三角形。花序蝎尾状，顶生，密被柔毛或短柔毛；花二型，花柱异长；花冠裂片5，白色或稍带粉绿色；雄蕊5，伸出或内藏；柱头2裂，内藏或伸出。蒴果近球形，有5纵棱；成熟时室间室背均开裂，果瓣4，不扭曲；种子多数。花果期2～5月或8～12月。

分布及现状

我国广东阳春。野生植株数量较少。

杜鹃红山茶

Camellia azalea C. F. Wei

山茶科 **Theaceae**

形态特征

常绿灌木至小乔木。外形极像杜鹃，实质却是山茶。株型紧凑，分枝密；叶倒卵形、厚实、全缘，互生或轮生。花朵密生；花瓣5～9枚，单瓣狭长；花丝红色；花药金黄色；四季开花。蒴果，每果含种子3～5粒。花期几乎全年，一般5月中始花，7～9月盛花，可持续至次年2月。

分布及现状

《中国物种红色名录》（2004）将其列为极危（CR）。仅零星分布于我国广东阳春鹅凰嶂自然保护区内，约有1039株，全部野生植株进行了嫁接苗保存（Ren et al，2014）。已实现人工繁殖和商品化生产。

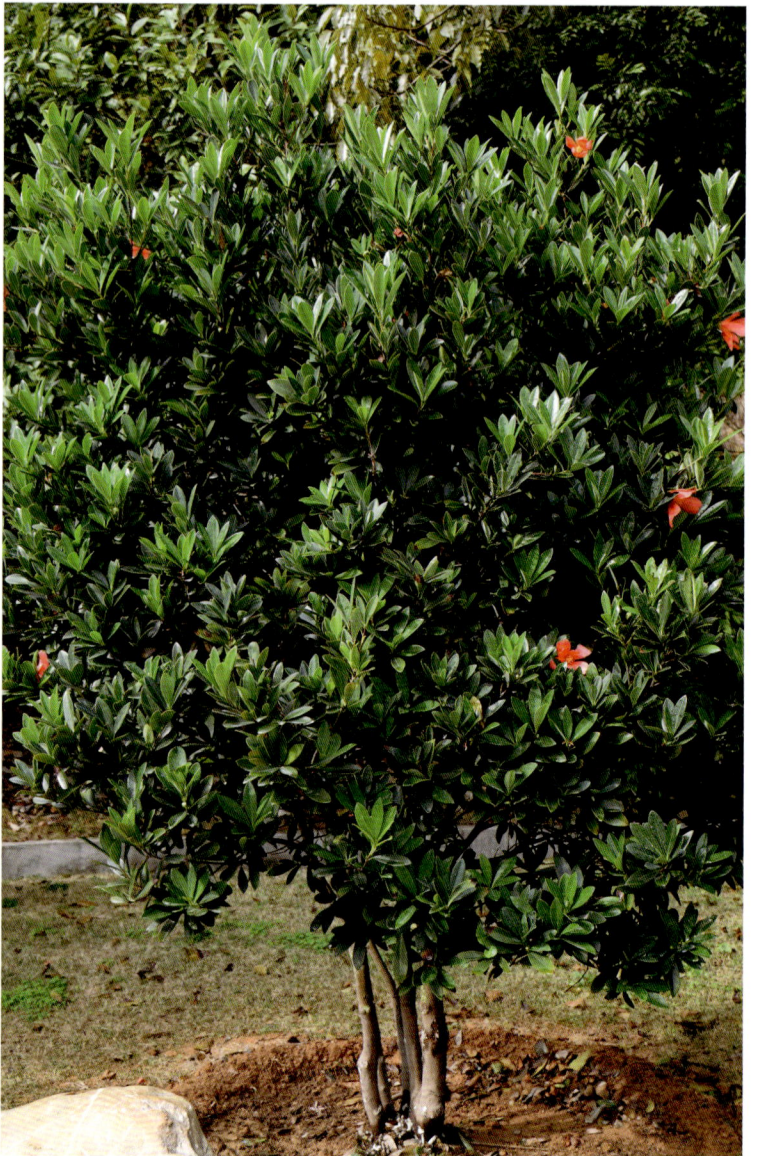

第三部分
中国科学院华南植物园珍稀濒危植物引种名录

Chapter 3
Checklist of Rare and Endangered Plants at South China Botanical Garden, Chinese Academy of Sciences

中国科学院华南植物园珍稀濒危植物引种名录

序号	中文名	拉丁名	科名	综合等级*
蕨类植物门 Pteridophyta				
1	荷叶铁线蕨	*Adiantum reniforme* var. *sinense* Y. X. Lin	Adiantaceae/铁线蕨科	**
2	二回原始观音座莲	*Archangiopteris bipinnata* Ching	Angiopteridaceae/观音座莲科	Ⅱ级，EN，特有
3	亨利原始观音座莲	*Archangiopteris henryi* Christ & Giesenh.	Angiopteridaceae/观音座莲科	**，LC
4	大鳞巢蕨	*Asplenium antiquum* Makino	Aspleniaceae/铁角蕨科	CR
5	石生铁角蕨	*Asplenium saxicola* Rosenst.	Aspleniaceae/铁角蕨科	NT
6	狭叶巢蕨	*Neottopteris simonsiana* (Hook.) J. Sm.	Aspleniaceae/铁角蕨科	VU
7	马鞍山双盖蕨	*Diplazium maonense* Ching	Athyriaceae/蹄盖蕨科	VU，特有
8	苏铁蕨	*Brainea insignis* (Hook.) J. Sm.	Blechnaceae/乌毛蕨科	Ⅱ级，VU
9	荚囊蕨	*Struthiopteris eburnea* (Christ) Ching	Blechnaceae/乌毛蕨科	NT，特有
10	粗齿黑桫椤	*Alsophila denticulata* Baker	Cyatheaceae/桫椤科	Ⅱ级，附录Ⅱ，LC
11	大叶黑桫椤	*Alsophila gigantea* Walli. ex Hook.	Cyatheaceae/桫椤科	Ⅱ级，附录Ⅱ，LC
12	阴生桫椤	*Alsophila latebrosa* Wall. ex Hook.	Cyatheaceae/桫椤科	Ⅱ级，附录Ⅱ，LC
13	小黑桫椤	*Alsophila metteniana* Hance	Cyatheaceae/桫椤科	Ⅱ级，附录Ⅱ，DD
14	黑桫椤	*Alsophila podophylla* Hook.	Cyatheaceae/桫椤科	Ⅱ级，附录Ⅱ，LC
15	桫椤	*Alsophila spinulosa* (Wall. ex Hook.) R. M. Tryon	Cyatheaceae/桫椤科	Ⅱ级，*，附录Ⅱ，NT
16	白桫椤	*Sphaeropteris brunoniana* (Wall. ex Hook.) R.M. Tryon	Cyatheaceae/桫椤科	Ⅱ级，附录Ⅱ，EN
17	笔筒树	*Sphaeropteris lepifera* (J. Sm. ex Hook.) R. M. Tryon	Cyatheaceae/桫椤科	Ⅱ级，**，附录Ⅱ，DD
18	金毛狗	*Cibotium barometz* (L.) J. Sm.	Dicksoniaceae/蚌壳蕨科	Ⅱ级，附录Ⅱ，LC
19	燕尾蕨	*Cheiropleuria bicuspis* (Blume) C. Presl	Dipteridaceae/双扇蕨科	VU
20	单叶鞭叶蕨	*Cyrtomidictyum basipinnatum* (Baker) Ching	Dryopteridaceae/鳞毛蕨科	CR，特有
21	全缘贯众	*Cyrtomium falcatum* (L. f.) C. Presl	Dryopteridaceae/鳞毛蕨科	VU
22	单叶贯众	*Cyrtomium hemionitis* Christ	Dryopteridaceae/鳞毛蕨科	Ⅱ级，EN
23	高大耳蕨	*Polystichum altum* Ching	Dryopteridaceae/鳞毛蕨科	NT，特有
24	七指蕨	*Helminthostachys zeylanica* (L.) Hook.	Helminthostachyaceae/七指蕨科	Ⅱ级，EN
25	蛇足石杉	*Huperzia serrata* (Thunb.) Trevis	Huperziaceae/石杉科	EN
26	中华水韭	*Isoetes sinensis* Palmer	Isoetaceae/水韭科	Ⅰ级，***，EN，特有
27	台湾水韭	*Isoetes taiwanensis* De Vol	Isoetaceae/水韭科	Ⅰ级，CR，特有
28	网脉鳞始蕨	*Lindsaea cultrata* (Willd.) Sw.	Lindsaeaceae/鳞始蕨科	VU
29	龙骨马尾杉	*Phlegmariurus carinatus* (Desv. ex Poir.) Ching	Lycopodiaceae/石松科	VU

序号	中文名	拉丁名	科名	综合等级*
30	马尾杉	*Phlegmariurus phlegmaria*（L.）Holub	Lycopodiaceae/石松科	VU
31	粗糙马尾杉	*Phlegmariurus squarrosus*（G. Forst.）Á. Löve & D. Löve	Lycopodiaceae/石松科	NT
32	波边条蕨	*Oleandra undulata*（Willd.）Ching	Oleandraceae/条蕨科	EN
33	薄叶阴地蕨	*Botrychium daucifolium* Wall. ex Hook. & Grev.	Ophioglossaceae/瓶尔小草科	NT
34	带状瓶尔小草	*Ophioglossum pendulum* L.	Ophioglossaceae/瓶尔小草科	VU，特有
35	粗齿紫萁	*Osmunda banksiifolia*（C. Presl）Kuhn	Osmundaceae/紫萁科	NT
36	水蕨	*Ceratopteris thalictroides*（L.）Brongn.	Parkeriaceae/水蕨科	Ⅱ级，VU，特有
37	鹿角蕨	*Platycerium wallichii* Hook.	Platyceriaceae/鹿角蕨科	Ⅱ级，**，CR
38	团叶槲蕨	*Drynaria bonii Christ*	Polypodiaceae/水龙骨科	NT
39	硬叶槲蕨	*Drynaria rigidula*（Sw.）Bedd.	Polypodiaceae/水龙骨科	NT
40	扇蕨	*Neocheiropteris palmatopedata*（Baker）Christ	Polypodiaceae/水龙骨科	Ⅱ级，LC，特有
41	南洋石韦	*Pyrrosia longifolia*（Burm. f.）C.V. Morton	Polypodiaceae/水龙骨科	VU
42	松叶蕨	*Psilotum nudum*（L.）P. Beauv.	Psilotaceae/松叶蕨科	VU
43	灰背铁线蕨	*Adiantum myriosorum* Baker	Pteridaceae/凤尾蕨科	NT，特有
44	三叉凤尾蕨	*Pteris tripartita* Sw.	Pteridaceae/凤尾蕨科	EN
45	莎草蕨	*Schizaea digitata*（L.）Sw.	Schizaeaceae/莎草蕨科	EN
46	爬树蕨	*Arthropteris palisotii*（Desv.）Alston	Tectariaceae/三叉蕨科	VU
47	毛轴牙蕨	*Pteridrys australis* Ching	Tectariaceae/三叉蕨科	EN
48	薄叶牙蕨	*Pteridrys cnemidaria*（Christ）C. Chr. & Ching	Tectariaceae/三叉蕨科	NT
裸子植物门 Gymnospermae				
49	海南粗榧	*Cephalotaxus mannii* Hook. f.	Cephalotaxaceae/三尖杉科	*，EN
50	篦子三尖杉	*Cephalotaxus oliveri* Mast.	Cephalotaxaceae/三尖杉科	Ⅱ级，***，VU，特有
51	粗榧	*Cephalotaxus sinensis*（Rehder & E.H. Wilson）H. L. Li	Cephalotaxaceae/三尖杉科	特有
52	翠柏	*Calocedrus macrolepis* Kurz	Cupressaceae/柏科	Ⅱ级，***
53	红桧	*Chamaecyparis formosensis* Matsum.	Cupressaceae/柏科	Ⅱ级，**，EN，特有
54	岷江柏木	*Cupressus chengiana* S. Y. Hu	Cupressaceae/柏科	Ⅱ级，***
55	干香柏	*Cupressus duclouxiana* Hickel	Cupressaceae/柏科	NT，特有
56	巨柏	*Cupressus gigantea* W. C. Cheng & L. K. Fu	Cupressaceae/柏科	Ⅰ级，*
57	福建柏	*Fokienia hodginsii*（Dunn）A. Henry & H. H. Thomas	Cupressaceae/柏科	Ⅱ级，***，VU
58	宽叶苏铁	*Cycas balansae* Warb.	Cycadaceae/苏铁科	Ⅰ级，附录Ⅱ，EN

序号	中文名	拉丁名	科名	综合等级*
59	葫芦苏铁	*Cycas changjiangensis* N. Liu	Cycadaceae/苏铁科	Ⅰ级，附录Ⅱ，ESP，CR，特有
60	德保苏铁	*Cycas debaoensis* Y. C. Zhong & C. J. Chen	Cycadaceae/苏铁科	Ⅰ级，附录Ⅱ，ESP，CR，特有
61	滇南苏铁	*Cycas diannanensis* Z. T. Guan & G. D. Tao	Cycadaceae/苏铁科	Ⅰ级，附录Ⅱ，ESP，CR，特有
62	长叶苏铁	*Cycas dolichophylla* K. D. Hill，H. T. Nguyen & P. K. Lôc	Cycadaceae/苏铁科	Ⅰ级，附录Ⅱ，ESP，EN
63	仙湖苏铁	*Cycas fairylakea* D. Y. Wang	Cycadaceae/苏铁科	Ⅰ级，附录Ⅱ，ESP，CR，特有
64	锈毛苏铁	*Cycas ferruginea* F. N. Wei.	Cycadaceae/苏铁科	Ⅰ级，附录Ⅱ，VU
65	灰干苏铁	*Cycas hongheensis* S. Y. Yang & S. L. Yang ex D. Y. Wang	Cycadaceae/苏铁科	Ⅰ级，附录Ⅱ，ESP，CR，特有
66	叉叶苏铁	*Cycas micholitzii* Dyer	Cycadaceae/苏铁科	Ⅰ级，附录Ⅱ，ESP，CR
67	多歧苏铁	*Cycas multipinnata* C. J. Chen & S. Y. Yang	Cycadaceae/苏铁科	Ⅰ级，附录Ⅱ，ESP，EN
68	篦齿苏铁	*Cycas pectinata* Buch.-Ham.	Cycadaceae/苏铁科	Ⅰ级，***，附录Ⅱ，VU
69	苏铁	*Cycas revoluta* Thunb.	Cycadaceae/苏铁科	Ⅰ级，附录Ⅱ，CR
70	叉孢苏铁	*Cycas segmentifida* D. Y. Wang & C. Y. Deng	Cycadaceae/苏铁科	Ⅰ级，附录Ⅱ，EN，特有
71	攀枝花苏铁	*Cycas siamensis* Miq.	Cycadaceae/苏铁科	Ⅰ级，*，附录Ⅱ，EN，特有
72	台东苏铁	*Cycas taitungensis* C. F. Shen, K. D. Hill，C. H. Tsou & C. J. Chen	Cycadaceae/苏铁科	Ⅰ级，附录Ⅱ，CR，特有
73	台湾苏铁	*Cycas taiwaniana* Carruth.	Cycadaceae/苏铁科	Ⅰ级，*，附录Ⅱ，ESP，EN，特有
74	银杏	*Ginkgo biloba* L.	Ginkgoaceae/银杏科	Ⅰ级，**，CR，特有
75	秦岭冷杉	*Abies chensiensis* Tiegh.	Pinaceae/松科	Ⅱ级，***，VU，特有
76	银杉	*Cathaya argyrophylla* Chun & Kuang	Pinaceae/松科	Ⅰ级，**，ESP，EN，特有
77	海南油杉	*Keteleeria hainanensis* Chun & Tsiang	Pinaceae/松科	Ⅱ级，*，EN，特有
78	柔毛油杉	*Keteleeria pubescens* W. C. Cheng & L. K. Fu	Pinaceae/松科	Ⅱ级，***，VU，特有
79	思茅松	*Pinus kesiya* Royle ex Gordon	Pinaceae/松科	VU
80	华南五针松	*Pinus kwangtungensis* Chun & Tsiang	Pinaceae/松科	Ⅱ级，***
81	金钱松	*Pseudolarix amabilis*（J. Nelson）Rehder	Pinaceae/松科	Ⅱ级，**，VU，特有
82	长苞铁杉	*Tsuga longibracteata* W. C. Cheng	Pinaceae/松科	***，VU，特有

序号	中文名	拉丁名	科名	综合等级*
83	竹柏	*Nageia nagi*（Thunb.）Kuntze	Podocarpaceae/罗汉松科	EN
84	长叶竹柏	*Podocarpus fleuryi* Hickel	Podocarpaceae/罗汉松科	***
85	鸡毛松	*Podocarpus imbricatus* Blume	Podocarpaceae/罗汉松科	***
86	百日青	*Podocarpus neriifolius* D. Don	Podocarpaceae/罗汉松科	附录Ⅲ，VU
87	云南穗花杉	*Amentotaxus yunnanensis* H. L. Li	Taxaceae/红豆杉科	Ⅰ级，*，VU
88	白豆杉	*Pseudotaxus chienii*（W. C. Cheng）W. C. Cheng	Taxaceae/红豆杉科	Ⅱ级，**，VU，特有
89	东北红豆杉	*Taxus cuspidata* Siebold & Zucc.	Taxaceae/红豆杉科	Ⅰ级，附录Ⅱ，ESP，EN
90	喜马拉雅红豆杉	*Taxus wallichiana* Zucc.	Taxaceae/红豆杉科	Ⅰ级，*，附录Ⅱ
91	南方红豆杉	*Taxus wallichiana* var. *mairei*（Lemée & H. Lév.）L. K. Fu & N. Li	Taxaceae/红豆杉科	Ⅰ级，附录Ⅱ，特有，VU
92	云南榧树	*Torreya fargesii* Franch. var. *yunnanensis*（C. Y. Cheng & L. K. Fu）N. Kang	Taxaceae/红豆杉科	Ⅱ级
93	榧树	*Torreya grandis* Fortune ex Lindl.	Taxaceae/红豆杉科	Ⅱ级
94	长叶榧树	*Torreya jackii* Chun	Taxaceae/红豆杉科	Ⅱ级，***，VU，特有
95	水松	*Glyptostrobus pensilis*（Staunton ex D. Don）K. Koch	Taxodiaceae/杉科	Ⅰ级，**，ESP，VU
96	水杉	*Metasequoia glyptostroboides* H. H. Hu & W. C. Cheng	Taxodiaceae/杉科	Ⅰ级，**，ESP，EN，特有
97	台湾杉/秃杉	*Taiwania cryptomerioides* Hayata	Taxodiaceae/杉科	Ⅱ级，**，VU
被子植物门 Angiospermae				
98	楠草	*Ruellia repens* L.	Acanthaceae/爵床科	NT，特有
99	梓叶槭/阔叶枫	*Acer amplum* Rehder	Aceraceae/槭树科	ESP
100	东北槭	*Acer mandshuricum* Maxim.	Aceraceae/槭树科	VU，特有
101	鸡爪槭	*Acer palmatum* Thunb.	Aceraceae/槭树科	VU
102	台湾五裂槭	*Acer serrulatum* Hayata	Aceraceae/槭树科	VU
103	三花槭	*Acer triflorum* Kom.	Aceraceae/槭树科	VU，特有
104	云南金钱槭	*Dipteronia dyeriana* A. Henry	Aceraceae/槭树科	ESP
105	硬齿猕猴桃	*Actinidia callosa* Lindl.	Actinidiaceae/猕猴桃科	NT
106	黄毛猕猴桃	Actinidia fulvicoma Hance	Actinidiaceae/猕猴桃科	NT
107	阔叶猕猴桃	*Actinidia latifolia*（Gardner & Champ.）Merr.	Actinidiaceae/猕猴桃科	VU，特有
108	美丽猕猴桃	*Actinidia melliana* Hand.-Mazz.	Actinidiaceae/猕猴桃科	NT，特有
109	泽苔草	*Caldesia parnassifolia*（Bassi ex L.）Parl.	Alismataceae/泽泻科	CR
110	长喙毛茛泽泻	*Ranalisma rostrata* Stapf	Alismataceae/泽泻科	Ⅰ级，CR

序号	中文名	拉丁名	科名	综合等级*
111	利川慈姑	*Sagittaria lichuanensis* J. K. Chen, S. C. Sun & H. Q. Wang	Alismataceae/泽泻科	VU，特有
112	广西石蒜	*Lycoris guangxiensis* Y. Xu & G. J. Fan	Amaryllidaceae/石蒜科	VU，特有
113	大果人面子	*Dracontomelon macrocarpum* H. L. Li	Anacardiaceae/漆树科	EN，特有
114	天桃木	*Mangifera persiciforma* C. Y. Wu & T. L. Ming	Anacardiaceae/漆树科	VU，特有
115	林生杧果	*Mangifera sylvatica* Roxb.	Anacardiaceae/漆树科	EN
116	大叶肉托果	*Semecarpus longifolius* Blume	Anacardiaceae/漆树科	NT
117	钩枝藤	*Ancistrocladus tectorius*（Lour.）Merr.	Ancistrocladaceae/钩枝藤科	VU
118	海南藤春	*Alphonsea hainanensis* Merr. & Chun	Annonaceae/番荔枝科	NT，特有
119	藤春	*Alphonsea monogyna* Merr. & Chun	Annonaceae/番荔枝科	VU，特有
120	蕉木	*Chieniodendron hainanense*（Merr.）Tsiang & P. T. Li	Annonaceae/番荔枝科	**，ESP，EN，特有
121	广西瓜馥木	*Fissistigma kwangsiense* Tsiang & P. T. Li	Annonaceae/番荔枝科	EN，特有
122	天堂瓜馥木	*Fissistigma tientangense* Tsiang & P. T. Li	Annonaceae/番荔枝科	EN，特有
123	哥纳香	*Goniothalamus chinensis* Merr. & Chun	Annonaceae/番荔枝科	VU，特有
124	囊瓣木	*Miliusa horsfieldii*（Bennett）Baill. ex Pierre	Annonaceae/番荔枝科	VU
125	澄广花	*Orophea hainanensis* Merr.	Annonaceae/番荔枝科	VU，特有
126	裹瓣木	*Saccopetalum prolificum*（Chun & F.C. How）Tsiang	Annonaceae/番荔枝科	**，VU
127	管鞘当归	*Angelica pseudoselinum* H. Boissieu	Apiaceae/伞形科	NT，特有
128	牯岭东俄芹	*Tongoloa stewardii* H. Wolff	Apiaceae/伞形科	NT，特有
129	海南鹿角藤	*Chonemorpha splendens* Chun & Tsiang	Apocynaceae/夹竹桃科	VU，特有
130	狗牙花	*Tabernaemontana divaricata*（L.）R. Br. ex Roem. & Schult.	Apocynaceae/夹竹桃科	EN
131	纤花冬青	*Ilex graciliflora* Champ. ex Benth.	Aquifoliaceae/冬青科	EN，特有
132	扣树	*Ilex kaushue* S. Y. Hu	Aquifoliaceae/冬青科	ESP
133	神农架冬青	*Ilex shennongjiaensis* T. R. Dudley & S. C. Sun	Aquifoliaceae/冬青科	EN，特有
134	花蘑芋	*Amorphophallus konjac* K. Koch	Araceae/天南星科	NT，特有
135	宽叶上树南星	*Anadendrum latifolium* Hook. f.	Araceae/天南星科	NT
136	马蹄参/大果五加	*Diplopanax stachyanthus* Hand.-Mazz.	Araliaceae/五加科	***，NT
137	刺五加	*Eleutherococcus senticosus*（Rupr. & Maxim.）Maxim.	Araliaceae/五加科	***，LC
138	三七	*Panax notoginseng*（Burkill）F. H. Chen ex C. H. Chow	Araliaceae/五加科	EW
139	假人参	*Panax pseudoginseng* Wall.	Araliaceae/五加科	***，LC
140	短轴省藤	*Calamus compsostachys* Burret	Arecaceae/棕榈科	EN，特有

序号	中文名	拉丁名	科名	综合等级*
141	南巴省藤	*Calamus nambariensis* Becc.	Arecaceae/棕榈科	EN
142	单叶省藤	*Calamus simplicifolius* C. F. Wei	Arecaceae/棕榈科	VU，特有
143	两广石山棕	*Guihaia grossifibrosa* (Gagnep.) J. Dransf., S. K. Lee & F. N. Wei	Arecaceae/棕榈科	EN
144	江边刺葵	*Phoenix roebelenii* O'Brien	Arecaceae/棕榈科	VU
145	长叶马兜铃	*Aristolochia championii* Merr. & Chun	Aristolochiaceae/马兜铃科	NT，特有
146	通城虎	*Aristolochia fordiana* Hemsl.	Aristolochiaceae/马兜铃科	VU，特有
147	黄毛马兜铃	*Aristolochia fulvicoma* Merr. & Chun	Aristolochiaceae/马兜铃科	VU，特有
148	海南马兜铃	*Aristolochia hainanensis* Merr.	Aristolochiaceae/马兜铃科	VU，特有
149	南粤马兜铃	*Aristolochia howii* Merr. & Chun	Aristolochiaceae/马兜铃科	VU，特有
150	短尾细辛	*Asarum caudigerellum* C. Y. Cheng & C. S. Yang	Aristolochiaceae/马兜铃科	VU，特有
151	杜衡	*Asarum forbesii* Maxim.	Aristolochiaceae/马兜铃科	NT，特有
152	金耳环	*Asarum insigne* Diels	Aristolochiaceae/马兜铃科	VU，特有
153	大叶细辛	*Asarum maximum* Hemsl.	Aristolochiaceae/马兜铃科	VU，特有
154	汉城细辛	*Asarum sieboldii* Miq.	Aristolochiaceae/马兜铃科	VU
155	橙花球兰	*Hoya lasiogynostegia* P. T. Li	Asclepiadaceae/萝藦科	EN，特有
156	琴叶球兰	*Hoya pandurata* Tsiang	Asclepiadaceae/萝藦科	VU，特有
157	匙叶球兰	*Hoya radicalis* Tsiang & P. T. Li	Asclepiadaceae/萝藦科	NT，特有
158	驼峰藤	*Merr.anthus hainanensis* Chun & Tsiang	Asclepiadaceae/萝藦科	Ⅱ级，EN
159	香港凤仙花	*Impatiens hongkongensis* Grey-Wilson	Balsaminaceae/凤仙花科	NT，特有
160	丰满凤仙花	*Impatiens obesa* Hook. f.	Balsaminaceae/凤仙花科	NT，特有
161	阳春秋海棠	*Begonia coptidifolia* H. G. Ye, F. G. Wang, Y. S. Ye & C. I. Peng	Begoniaceae/秋海棠科	CR，特有
162	丝形秋海棠	*Begonia filiformis* Irmsch.	Begoniaceae/秋海棠科	NT，特有
163	铁甲秋海棠	*Begonia masoniana* Irmsch. ex Ziesenh.	Begoniaceae/秋海棠科	VU
164	大叶秋海棠	*Begonia megalophyllaria* C. Y. Wu	Begoniaceae/秋海棠科	VU，特有
165	台湾小檗	*Berberis kawakamii* Hayata	Berberidaceae/小檗科	VU，特有
166	小八角莲	*Dysosma difformis* (Hemsl. & E. H. Wilson) T. H. Wang	Berberidaceae/小檗科	VU
167	六角莲	*Dysosma pleiantha* (Hance) Woodson	Berberidaceae/小檗科	NT，特有
168	八角莲	*Dysosma versipellis* (Hance) M. Cheng ex T. S. Ying	Berberidaceae/小檗科	***，VU，特有
169	淫羊藿	*Epimedium brevicornu* Maxim.	Berberidaceae/小檗科	NT，特有
170	绿药淫羊藿	*Epimedium chlorandrum* Stearn	Berberidaceae/小檗科	VU，特有
171	长蕊淫羊藿	*Epimedium dolichostemon* Stearn	Berberidaceae/小檗科	VU，特有

序号	中文名	拉丁名	科名	综合等级*
172	紫距淫羊藿	*Epimedium epsteinii* Stearn	Berberidaceae/小檗科	NT，特有
173	黔岭淫羊藿	*Epimedium leptorrhizum* Stearn	Berberidaceae/小檗科	NT，特有
174	直距淫羊藿	*Epimedium mikinorii* Stearn	Berberidaceae/小檗科	VU，特有
175	多花淫羊藿	*Epimedium multiflorum* T. S. Ying	Berberidaceae/小檗科	VU，特有
176	偏斜淫羊藿	*Epimedium truncatum* H. R. Liang	Berberidaceae/小檗科	VU，特有
177	短序十大功劳	*Mahonia breviracema* Y. S. Wang & P. G. Xiao	Berberidaceae/小檗科	CR，特有
178	北江十大功劳	*Mahonia fordii* C.K. Schneid.	Berberidaceae/小檗科	NT，特有
179	华榛	*Corylus chinensis* Franch.	Betulaceae/桦木科	***，LC，特有
180	豇豆树	*Radermachera pentandra* Hemsl.	Bignoniaceae/紫葳科	NT，特有
181	伯乐树	*Bretschneidera sinensis* Hemsl.	Bretschneideraceae/伯乐树科	Ⅰ级，**，NT
182	滇榄	*Canarium strictum* Roxb.	Burseraceae/橄榄科	NT
183	汕头黄杨	*Buxus cephalantha* H. Lév. & Vaniot var. *shantouensis* M. Cheng	Buxaceae/黄杨科	CR，特有
184	长叶柄野扇花	*Sarcococca longipetiolata* M. Cheng	Buxaceae/黄杨科	EN，特有
185	莼菜	*Brasenia schreberi* J. F. Gmel.	Cabombaceae/莼菜科	Ⅰ级，CR
186	夏腊梅	*Calycanthus chinensis* W. C. Cheng & S. Y. Chang	Calycanthaceae/腊梅科	***，EN，特有
187	黄钟花	*Cyananthus flavus* C. Marquand	Campanulaceae/桔梗科	VU，特有
188	毛叶山柑	*Capparis pubifolia* B. S. Sun	Capparaceae/山柑科	EN，特有
189	马槟榔	*Capparis sikkimensis* Kurz subsp. *masakai*（H. Lév.）Jacobs	Capparaceae/山柑科	VU，特有
190	元江山柑	*Capparis wui* B. S. Sun	Capparaceae/山柑科	EN，特有
191	树头菜	*Crateva unilocularis* Buch.-Ham.	Capparaceae/山柑科	NT
192	七子花	*Heptacodium miconioides* Rehder	Caprifoliaceae/忍冬科	Ⅱ级，**，EN，特有
193	蝟实	*Kolkwitzia amabilis* Graebn.	Caprifoliaceae/忍冬科	NT
194	静容卫矛	*Euonymus chengii* J. S. Ma	Celastraceae/卫矛科	VU，特有
195	染用卫矛	*Euonymus tingens* Wall.	Celastraceae/卫矛科	VU，特有
196	程香仔树	*Loeseneriella concinna* A. C. Sm.	Celastraceae/卫矛科	NT
197	广西美登木	*Maytenus guangxiensis* C. Y. Cheng & W. L. Sha	Celastraceae/卫矛科	VU，特有
198	美登木	*Maytenus hookeri* Loes.	Celastraceae/卫矛科	VU，特有
199	连香树	*Cercidiphyllum Japonicum* Siebold & Zucc.	Cercidiphyllaceae/连香树科	Ⅱ级，**，LC
200	红厚壳	*Calophyllum inophyllum* L.	Clusiaceae/藤黄科	LC
201	薄叶红厚壳	*Calophyllum membranaceum* Gardner & Champ.	Clusiaceae/藤黄科	NT
202	滇南红厚壳	*Calophyllum polyanthum* Wall. ex Planch. & Triana	Clusiaceae/藤黄科	VU
203	广西藤黄	*Garcinia kwangsiensis* Merr. ex F. N. Wei	Clusiaceae/藤黄科	EN，特有

序号	中文名	拉丁名	科名	综合等级*
204	榆绿木	*Anogeissus acuminata* (Roxb. ex DC.) Guill., Perr. & A. Rich. var. *lanceolata* Wall. ex C. B. Clarke	Combretaceae/使君子科	***，NT
205	毗黎勒	*Terminalia bellirica*（Gaertn.）Roxb.	Combretaceae/使君子科	EN
206	千果榄仁	*Terminalia myriocarpa* Van Heurck & Müll. Arg.	Combretaceae/使君子科	II级，***
207	小花异裂菊	*Heteroplexis microcephala* Y. L. Chen	Compositae/菊科	**，EN，特有
208	白鹤藤	*Argyreia acuta* Lour.	Convolvulaceae/旋花科	NT
209	丁公藤	*Erycibe obtusifolia* Benth.	Convolvulaceae/旋花科	VU
210	油渣果	*Hodgsonia heteroclita*（Roxb.）Hook. f. & Thomson	Cucurbitaceae/葫芦科	NT
211	扇叶苔草	*Carex peliosanthifolia* F. T. Wang & Tang ex P. C. Li	Cyperaceae/莎草科	NT，特有
212	裂颖茅	*Diplacrum caricinum* R. Br.	Cyperaceae/莎草科	NT，特有
213	石龙刍	*Lepironia articulata*（Retz.）Domin	Cyperaceae/莎草科	NT
214	骨碎补	*Davallia trichomanoides* Blume	Davalliaceae/骨碎补科	NT
215	五桠果	*Dillenia indica* L.	Dilleniaceae/五桠果科	VU
216	小花五桠果	*Dillenia pentagyna* Roxb.	Dilleniaceae/五桠果科	EN
217	光叶薯蓣	*Dioscorea glabra* Roxb.	Dioscoreaceae/薯蓣科	NT，特有
218	白薯莨	*Dioscorea hispida* Dennst.	Dioscoreaceae/薯蓣科	VU
219	马肠薯蓣	*Dioscorea simulans* Prain & Burkill	Dioscoreaceae/薯蓣科	NT
220	东京龙脑香/盈江龙脑香	*Dipterocarpus retusus* Blume	Dipterocarpaceae/龙脑香科	I级，***，VU，特有
221	狭叶坡垒	*Hopea chinensis*（Merr.）Hand.-Mazz.	Dipterocarpaceae/龙脑香科	I级，**，ESP，VU
222	无翼坡垒/铁凌	*Hopea exalata* W. T. Lin, Y. Y. Yang & Q. S. Hsue	Dipterocarpaceae/龙脑香科	I级，***，VU
223	坡垒	*Hopea hainanensis* Merr. & Chun	Dipterocarpaceae/龙脑香科	I级，**，ESP，EN
224	望天树	*Parashorea chinensis* H. Wang	Dipterocarpaceae/龙脑香科	I级，*，EN
225	娑罗双	*Shorea robusta* Gaertn.	Dipterocarpaceae/龙脑香科	EN
226	广西青梅	*Vatica guangxiensis* S. L. Mo	Dipterocarpaceae/龙脑香科	**，NT
227	青皮/青梅	*Vatica mangachapoi* Blanco	Dipterocarpaceae/龙脑香科	II级，***，CR
228	瓶兰花	*Diospyros armata* Hemsl.	Ebenaceae/柿科	VU
229	黑皮柿	*Diospyros nigricortex* C. Y. Wu	Ebenaceae/柿科	EN
230	毛柿	*Diospyros strigosa* Hemsl.	Ebenaceae/柿科	VU，特有
231	绢毛杜英	*Elaeocarpus nitentifolius* Merr. & Chun	Elaeocarpaceae/杜英科	EN，特有
232	毛果杜英	*Elaeocarpus rugosus* Roxb. ex G. Don	Elaeocarpaceae/杜英科	VU
233	环萼树萝卜	*Agapetes brandisiana* W. E. Evans	Ericaceae/杜鹃花科	VU
234	茶叶树萝卜	*Agapetes camelliifolia* S. H. Huang	Ericaceae/杜鹃花科	NT

序号	中文名	拉丁名	科名	综合等级*
235	边脉树萝卜	*Agapetes marginata* Dunn	Ericaceae/杜鹃花科	NT
236	藏布江树萝卜	*Agapetes praeclara* C. Marquand	Ericaceae/杜鹃花科	NT，特有
237	毛花树萝卜	*Agapetes pubiflora* Airy Shaw	Ericaceae/杜鹃花科	VU
238	岩须	*Cassiope selaginoides* Hook. f. & Thomson	Ericaceae/杜鹃花科	NT
239	长萼马醉木	*Pieris swinhoei* Hemsl.	Ericaceae/杜鹃花科	NT
240	紫花杜鹃	*Rhododendron amesiae* Rehder & E. H. Wilson	Ericaceae/杜鹃花科	CR，特有
241	海南杜鹃	*Rhododendron hainanense* Merr.	Ericaceae/杜鹃花科	VU，特有
242	江西杜鹃	*Rhododendron kiangsiense* W. P. Fang	Ericaceae/杜鹃花科	EN，特有
243	南岭杜鹃	*Rhododendron levinei* Merr.	Ericaceae/杜鹃花科	NT，特有
244	大树杜鹃	*Rhododendron protistum* Balf. & Forrest var. *giganteum*（Forrest ex Tagg）D. F. Chamb.	Ericaceae/杜鹃花科	**，ESP
245	四川杜鹃	*Rhododendron sutchuenense* Franch.	Ericaceae/杜鹃花科	NT，特有
246	灯台越桔	*Vaccinium bulleyanum*（Diels）Sleumer	Ericaceae/杜鹃花科	VU，特有
247	团叶越桔	*Vaccinium chaetothrix* Sleumer	Ericaceae/杜鹃花科	NT，特有
248	长穗越桔	*Vaccinium dunnianum* Sleumer	Ericaceae/杜鹃花科	NT
249	瘤果越桔	*Vaccinium papulosum* C. Y. Wu & R. C. Fang	Ericaceae/杜鹃花科	NT，特有
250	粘木	*Ixonanthes reticulata* Jack	Erythroxylaceae/古柯科	***
251	掌叶木	*Handeliodendron bodinieri*（H. Lév.）Rehder	esculaceae/七叶树科	Ⅰ级，**，EN，特有
252	杜仲	*Eucommia ulmoides* Oliv.	Eucommiaceae/杜仲科	**，VU，特有
253	肥牛树	*Cephalomappa sinensis*（Chun & F. C. How）Kosterm.	Euphorbiaceae/大戟科	***，VU，特有
254	蝴蝶果	*Cleidiocarpon cavaleriei*（H. Lév.）Airy Shaw	Euphorbiaceae/大戟科	***，VU
255	海南巴豆	*Croton laui* Merr. & F. P. Metcalf	Euphorbiaceae/大戟科	***，VU
256	东京桐	*Deutzianthus tonkinensis* Gagnep.	Euphorbiaceae/大戟科	Ⅱ级，**，EN
257	匍匐大戟	*Euphorbia prostrata* Aiton	Euphorbiaceae/大戟科	附录Ⅱ，LC
258	领春木	*Euptelea pleiosperma* Hook. f. & Thomson	Eupteleaceae/领春木科	***
259	华南锥	*Castanopsis concinna*（Champ. ex Benth.）A. DC	Fagaceae/壳斗科	Ⅱ级，***，NT，特有
260	吊皮锥	*Castanopsis kawakamii* Hayata	Fagaceae/壳斗科	***，NT，特有
261	棕毛锥	*Castanopsis tessellata* Hickel & A. Camus	Fagaceae/壳斗科	VU
262	滇南青冈	*Cyclobalanopsis austroglauca* Y. T. Chang ex Y. C. Hsu & H. W. Jen	Fagaceae/壳斗科	EN
263	鼎湖青冈	*Cyclobalanopsis dinghuensis*（C. C. Huang）Y. C. Hsu & H. Wei Jen	Fagaceae/壳斗科	EN，特有
264	碟斗青冈	*Cyclobalanopsis disciformis*（Chun & Tsiang）Y. C. Hsu & H. Wei Jen	Fagaceae/壳斗科	VU，特有

序号	中文名	拉丁名	科名	综合等级*
265	木姜叶青冈	*Cyclobalanopsis litseoides* (Dunn) Schottky	Fagaceae/壳斗科	VU, 特有
266	台湾水青冈	*Fagus hayatae* Palib. ex Hayata	Fagaceae/壳斗科	Ⅱ级，***，LC，特有
267	鱼篮柯	*Lithocarpus cyrtocarpus* (Drake) A. Camus	Fagaceae/壳斗科	NT
268	粉绿柯	*Lithocarpus glaucus* Chun & C. C. Huang ex H. G. Ye	Fagaceae/壳斗科	VU
269	瘤果柯	*Lithocarpus handelianus* A. Camus	Fagaceae/壳斗科	NT，特有
270	白枝柯	*Lithocarpus leucodermis* Chun & C. C. Huang	Fagaceae/壳斗科	NT，特有
271	犁耙柯	*Lithocarpus silvicolarum* (Hance) Chun	Fagaceae/壳斗科	NT，特有
272	蒙栎	*Quercus mongolica* Fisch. ex Ledeb.	Fagaceae/壳斗科	LC
273	马蛋果	*Gynocardia odorata* Roxb.	Flacourtiaceae/大风子科	NT
274	光叶天料木/斯里兰卡天料木	*Homalium ceylanicum* (Gardner) Benth.	Flacourtiaceae/大风子科	***，EN
275	海南天料木	*Homalium stenophyllum* Merr. & Chun	Flacourtiaceae/大风子科	VU
276	海南大风子	*Hydnocarpus hainanensis* (Merr.) Sleumer	Flacourtiaceae/大风子科	***，VU
277	川西秦艽	*Gentiana dendrologi* C. Marquand	Gentianaceae/龙胆科	VU
278	灰岩紫地榆	*Geranium franchetii* R. Knuth	Geraniaceae/牻牛儿苗科	CR，特有
279	矮直瓣苣苔	*Ancylostemon humilis* W. T. Wang	Gesneriaceae/苦苣苔科	NT，特有
280	崇岗唇柱苣苔	*Chirita longgangensis* W. T. Wang	Gesneriaceae/苦苣苔科	NT，特有
281	翅柄唇柱苣苔	*Chirita pteropoda* W. T. Wang	Gesneriaceae/苦苣苔科	VU，特有
282	瑶山苣苔	*Dayaoshania cotinifolia* W. T. Wang	Gesneriaceae/苦苣苔科	VU，特有
283	柔毛金盏苣苔	*Isometrum villosum* K. Y. Pan	Gesneriaceae/苦苣苔科	CR，特有
284	丝毛石蝴蝶	*Petrocosmea sericea* C. Y. Wu ex H. W. Li	Gesneriaceae/苦苣苔科	NT，特有
285	报春苣苔	*Primulina tabacum* Hance	Gesneriaceae/苦苣苔科	Ⅰ，ESP，NT，特有
286	台闽苣苔	*Titanotrichum oldhamii* (Hemsl.) Soler.	Gesneriaceae/苦苣苔科	EN，特有
287	买麻藤	*Gnetum montanum* Markgr.	Gnetaceae/买麻藤科	附录Ⅲ，LC
288	酸竹	*Acidosasa chinensis* C. D. Chu & C. S. Chao ex Keng f.	Gramineae/禾本科	Ⅱ，NT
289	筇竹	*Chimonobambusa tumidissinoda* J. R. Xue & T. P. Yi ex Ohrnberger	Gramineae/禾本科	***
290	药用野生稻	*Oryza officinalis* Wall. ex G. Watt	Gramineae/禾本科	Ⅱ级，**，LC，特有
291	普通野生稻	*Oryza rufipogon* Griff.	Gramineae/禾本科	Ⅱ级，**，CR
292	金丝李	*Garcinia paucinervis* Chun ex F. C. How	Guttiferae/藤黄科	**，VU，特有
293	乌苏里狐尾藻	*Myriophyllum ussuriense* (Regel) Maxim.	Haloragaceae/小二仙草科	VU，特有
294	云南蕈树	*Altingia yunnanensis* Rehder & E. H. Wilson	Hamamelidaceae/金缕梅科	VU

序号	中文名	拉丁名	科名	综合等级*
295	长柄双花木	*Disanthus cercidifolius* Maxim. subsp. *longipes* (Hung T. Chang) K. Y. Pan	Hamamelidaceae/金缕梅科	Ⅱ级，**，EN，特有
296	鳞毛蚊母树	*Distylium elaeagnoides* Hung T. Chang	Hamamelidaceae/金缕梅科	EN，特有
297	牛鼻栓	*Fortunearia sinensis* Rehder & E. H. Wilson	Hamamelidaceae/金缕梅科	VU，特有
298	四药门花	*Loropetalum subcordatum* (Benth.) Oliv.	Hamamelidaceae/金缕梅科	Ⅱ级，**，EN，特有
299	壳菜果	*Mytilaria laosensis* Lecomte	Hamamelidaceae/金缕梅科	EN，特有
300	小脉红花荷	*Rhodoleia henryi* Tong	Hamamelidaceae/金缕梅科	VU
301	半枫荷	*Semiliquidambar cathayensis* Hung T. Chang	Hamamelidaceae/金缕梅科	Ⅱ级，***，VU，特有
302	云南七叶树	*Aesculus wangii* H. H. Hu	Hippocastanaceae/七叶树科	***
303	海菜花	*Ottelia acuminata* (Gagnep.) Dandy	Hydrocharitaceae/水鳖科	***，VU
304	东方肖榄	*Platea parvifolia* Merr. & Chun	Icacinaceae/茶茱萸科	VU
305	地枫皮	*Illicium difengpi* B. N. Chang	Illiciaceae/八角科	Ⅱ级，***，EN，特有
306	粤中八角	*Illicium tsangii* A. C. Sm.	Illiciaceae/八角科	EN，特有
307	玉蝉花	*Iris ensata* Thunb.	Iridaceae/鸢尾科	NT，特有
308	白花马蔺	*Iris lactea* Pall.	Iridaceae/鸢尾科	NT
309	喙核桃	*Annamocarya sinensis* (Dode) J.-F. Leroy	Juglandaceae/胡桃科	**，ESP，EN
310	蕨叶鼠尾草	*Salvia filicifolia* Merr.	Lamiaceae/唇形科	EN
311	思茅黄肉楠	*Actinodaphne henryi* Gamble	Lauraceae/樟科	NT，特有
312	油丹	*Alseodaphne hainanensis* Merr.	Lauraceae/樟科	***，VU
313	长柄油丹	*Alseodaphne petiolaris* (Meisn.) Hook. f.	Lauraceae/樟科	VU
314	云南油丹	*Alseodaphne yunnanensis* Kosterm.	Lauraceae/樟科	NT
315	糠秕琼楠	*Beilschmiedia furfuracea* Chun ex Hung T. Chang	Lauraceae/樟科	EN，特有
316	肉柄琼楠	*Beilschmiedia macropoda* C. K. Allen	Lauraceae/樟科	EN，特有
317	东方琼楠	*Beilschmiedia tungfangensis* S. K. Lee & L. F. Lau	Lauraceae/樟科	NT，特有
318	檬果樟	*Caryodaphnopsis tonkinensis* (Lecomte) Airy Shaw	Lauraceae/樟科	CR，特有
319	樟	*Cinnamomum camphora* (L.) J. Presl	Lauraceae/樟科	Ⅱ，NT
320	天竺桂	*Cinnamomum japonicum* Siebold	Lauraceae/樟科	Ⅱ级，***，VU
321	银叶桂	*Cinnamomum mairei* H. Lév.	Lauraceae/樟科	***，LC，特有
322	沉水樟	*Cinnamomum micranthum* (Hayata) Hayata	Lauraceae/樟科	***，VU
323	米槁	*Cinnamomum migao* H. W. Li	Lauraceae/樟科	VU
324	卵叶桂	*Cinnamomum rigidissimum* Hung T. Chang	Lauraceae/樟科	Ⅱ级，NT，特有
325	假桂皮树	*Cinnamomum tonkinense* (Lecomte) A. Chev.	Lauraceae/樟科	NT，特有

序号	中文名	拉丁名	科名	综合等级*
326	粗脉桂	*Cinnamomum validinerve* Hance	Lauraceae/樟科	VU
327	短序厚壳桂	*Cryptocarya brachythyrsa* H. W. Li	Lauraceae/樟科	NT，特有
328	大萼木姜子	*Litsea baviensis* Lecomte	Lauraceae/樟科	VU，特有
329	五桠果叶木姜子	*Litsea dilleniifolia* P. Y. Pai & P. H. Huang	Lauraceae/樟科	NT
330	红河木姜子	*Litsea honghoensis* H. Liu	Lauraceae/樟科	VU，特有
331	广东木姜子	*Litsea kwangtungensis* Hung T. Chang	Lauraceae/樟科	VU，特有
332	润楠叶木姜子	*Litsea machiloides* Yen C. Yang & P. H. Huang	Lauraceae/樟科	EN，特有
333	海桐叶木姜子	*Litsea pittosporifolia* Yen C. Yang & P. H. Huang	Lauraceae/樟科	EN，特有
334	润楠	*Machilus nanmu*（Oliv.）Hemsl.	Lauraceae/樟科	Ⅱ级，***，VU，特有
335	龙眼润楠	*Machilus oculodracontis* Chun	Lauraceae/樟科	EN，特有
336	梨润楠	*Machilus pomifera*（Kosterm.）S. K. Lee	Lauraceae/樟科	EN，特有
337	长圆叶新木姜子	*Neolitsea oblongifolia* Merr. & Chun	Lauraceae/樟科	NT，特有
338	舟山新木姜子	*Neolitsea sericea*（Blume）Koidz.	Lauraceae/樟科	Ⅱ级，**，EN
339	闽楠	*Phoebe bournei*（Hemsl.）Yen C. Yang	Lauraceae/樟科	Ⅱ级，***，VU，特有
340	浙江楠	*Phoebe chekiangensis* P. T. Li	Lauraceae/樟科	Ⅱ级，***，VU，特有
341	茶槁楠	*Phoebe hainanensis* Merr.	Lauraceae/樟科	VU，特有
342	桂楠	*Phoebe kwangsiensis* H. Liu	Lauraceae/樟科	CR，特有
343	利川楠	*Phoebe lichuanensis* S. K. Lee	Lauraceae/樟科	EN，特有
344	大果楠	*Phoebe macrocarpa* C. Y. Wu	Lauraceae/樟科	CR，特有
345	普文楠	*Phoebe puwenensis* W. C. Cheng	Lauraceae/樟科	VU，特有
346	楠木	*Phoebe zhennan* S. K. Lee & F. N. Wei	Lauraceae/樟科	Ⅱ级，***，VU，特有
347	油果樟	*Syndiclis chinensis* C. K. Allen	Lauraceae/樟科	EN，特有
348	梭果玉蕊	*Barringtonia fusicarpa* H. H. Hu	Lecythidaceae/玉蕊科	VU，特有
349	玉蕊	*Barringtonia racemosa*（L.）Spreng.	Lecythidaceae/玉蕊科	EN
350	顶果木	*Acrocarpus fraxinifolius* Arn.	Leguminosae/豆科	***，VU
351	长叶棋子豆	*Archidendron alternifoliolatum*（T. L. Wu）I. C. Nielsen	Leguminosae/豆科	NT
352	阔裂叶羊蹄甲	*Bauhinia apertilobata* Merr. & F. P. Metcalf	Leguminosae/豆科	NT，特有
353	孪叶羊蹄甲	*Bauhinia didyma* L. Chen	Leguminosae/豆科	NT，特有
354	美丽鸡血藤	*Callerya speciosa*（Champ. ex Benth.）Schot	Leguminosae/豆科	NT，特有
355	黄山紫荆	*Cercis chingii* Chun	Leguminosae/豆科	VU

序号	中文名	拉丁名	科名	综合等级*
356	海南黄檀	*Dalbergia hainanensis* Merr. & Chun	Leguminosae/豆科	EN，特有
357	黄檀	*Dalbergia hupeana* Hance	Leguminosae/豆科	VU，特有
358	钝叶黄檀	*Dalbergia obtusifolia*（Baker）Prain	Leguminosae/豆科	NT
359	降香黄檀	*Dalbergia odorifera* T. C. Chen	Leguminosae/豆科	II级，***，CR，特有
360	榼藤	*Entada phaseoloides*（L.）Merr.	Leguminosae/豆科	EN，特有
361	格木	*Erythrophleum fordii* Oliv.	Leguminosae/豆科	II级，**，VU，特有
362	山豆根	*Euchresta japonica* Hook. f. ex Regel	Leguminosae/豆科	II级，***，VU
363	山皂荚	*Gleditsia japonica* Miq.	Leguminosae/豆科	EN
364	绒毛皂荚	*Gleditsia japonica* var. *velutina* L. C. Li	Leguminosae/豆科	***，CR，特有
365	野大豆	*Glycine soja* Siebold & Zucc.	Leguminosae/豆科	II级，***
366	美叶油麻藤	*Mucuna calophylla* W. W. Sm.	Leguminosae/豆科	EN
367	长脐红豆	*Ormosia balansae* Drake	Leguminosae/豆科	EN，特有
368	光叶红豆	*Ormosia glaberrima* Y. C. Wu	Leguminosae/豆科	NT
369	河口红豆	*Ormosia hekouensis* R. H. Chang	Leguminosae/豆科	VU，特有
370	花榈木	*Ormosia henryi* Prain	Leguminosae/豆科	II级，VU
371	韧荚红豆	*Ormosia indurata* L. Chen	Leguminosae/豆科	CR
372	亮毛红豆	*Ormosia sericeolucida* L. Chen	Leguminosae/豆科	NT，特有
373	紫檀	*Pterocarpus indicus* Willd.	Leguminosae/豆科	II级，ESP，CR
374	中国无忧花	*Saraca dives* Pierre	Leguminosae/豆科	EN，特有
375	云南无忧花	*Saraca griffithiana* Prain	Leguminosae/豆科	VU
376	油楠	*Sindora glabra* Merr. ex De Wit	Leguminosae/豆科	II级，VU
377	东京油楠	*Sindora tonkinensis* A. Chev. ex K. Larsen & S.S. Larsen	Leguminosae/豆科	EN
378	密花豆	*Spatholobus suberectus* Dunn	Leguminosae/豆科	EN
379	任豆	*Zenia insignis* Chun	Leguminosae/豆科	II级，***，VU
380	峨眉蜘蛛抱蛋	*Aspidistra omeiensis* Z. Y. Zhu & J. L. Zhang	Liliaceae/百合科	NT，特有
381	紫点蜘蛛抱蛋	*Aspidistra punctata* Lindl.	Liliaceae/百合科	EN，特有
382	小花龙血树	*Dracaena cambodiana* Pierre ex Gagnep.	Liliaceae/百合科	***，VU
383	剑叶龙血树	*Dracaena cochinchinensis*（Lour.）S. C. Chen	Liliaceae/百合科	***，VU
384	屏边沿阶草	*Ophiopogon pingbienensis* F. T. Wang & L. K. Dai	Liliaceae/百合科	NT，特有
385	匍匐球子草	*Peliosanthes sinica* F. T. Wang & Tang	Liliaceae/百合科	NT，特有
386	多花黄精	*Polygonatum cyrtonema* Hua	Liliaceae/百合科	NT，特有
387	峨眉菝葜	*Smilax emeiensis* J. M. Xu	Liliaceae/百合科	NT，特有

序号	中文名	拉丁名	科名	综合等级*
388	阳春度量草	*Mitreola yangchunensis* Q. X. Ma, H. G. Ye & F. W. Xing	Loganiaceae/马钱科	EN，特有
389	兰花蕉	*Orchidantha chinensis* T. L. Wu	Lowiaceae/兰花蕉科	***
390	海南兰花蕉	*Orchidantha insularis* T. L. Wu	Lowiaceae/兰花蕉科	EN，特有
391	毛萼紫薇	*Lagerstroemia balansae* Koehne	Lythraceae/千屈菜科	EN
392	广东紫薇	*Lagerstroemia fordii* Oliver & Koehne	Lythraceae/千屈菜科	NT，特有
393	桂林紫薇	*Lagerstroemia guilinensis* S. K. Lee & L. F. Lau	Lythraceae/千屈菜科	EN，特有
394	云南紫薇	*Lagerstroemia intermedia* Koehne	Lythraceae/千屈菜科	***，VU
395	福建紫薇	*Lagerstroemia limii* Merr.	Lythraceae/千屈菜科	NT，特有
396	毛紫薇	*Lagerstroemia villosa* Wall. ex Kurz	Lythraceae/千屈菜科	VU
397	瓦氏节节菜	*Rotala wallichii*（Hook. f.）Koehne	Lythraceae/千屈菜科	NT
398	长蕊木兰	*Alcimandra cathcartii*（Hook. f. & Thomson）Dandy	Magnoliaceae/木兰科	VU
399	长喙厚朴	*Houpoea rostrata*（W. W. Sm.）N. H. Xia & C. Y. Wu	Magnoliaceae/木兰科	Ⅱ级，***
400	大叶木兰	*Lirianthe henryi*（Dunn）N. H. Xia & C. Y. Wu	Magnoliaceae/木兰科	Ⅱ级，***
401	鹅掌楸	*Liriodendron chinense*（Hemsl.）Sarg.	Magnoliaceae/木兰科	Ⅱ级，**，LC
402	天目木兰	*Magnolia amoena* W. C. Cheng	Magnoliaceae/木兰科	***
403	广东含笑	*Magnolia guangdongensis* Y. H. Yan, Q. W. Zeng & F. W. Xing	Magnoliaceae/木兰科	EN，特有
404	单性木兰	*Magnolia kwangsiensis* Figlar & Noot.	Magnoliaceae/木兰科	Ⅰ级，ESP，VU，特有
405	馨香玉兰	*Magnolia odoratissima* Y. W. Law & R. Z. Zhou	Magnoliaceae/木兰科	Ⅱ级
406	厚朴	*Magnolia officinalis* Rehder & E. H. Wilson	Magnoliaceae/木兰科	Ⅱ级，***
407	凹叶厚朴	*Magnolia officinalis* subsp. *biloba*（Rehder & E. H. Wilson）Y. W. Law	Magnoliaceae/木兰科	Ⅱ级，***
408	圆叶玉兰	*Magnolia sieboldii* K. Koch	Magnoliaceae/木兰科	Ⅱ级，***
409	西康玉兰	*Magnolia wilsonii*（Finet & Gagnep.）Rehder	Magnoliaceae/木兰科	Ⅱ级，***
410	宝华玉兰	*Magnolia zenii* W. C. Cheng	Magnoliaceae/木兰科	Ⅱ级，***，ESP
411	香木莲	*Manglietia aromatica* Dandy	Magnoliaceae/木兰科	Ⅱ级，**，VU
412	石山木莲	*Manglietia calcarea* X. H. Song	Magnoliaceae/木兰科	VU，特有
413	粗梗木莲	*Manglietia crassipes* Y. W. Law	Magnoliaceae/木兰科	CR，特有
414	大叶木莲	*Manglietia dandyi*（Gagnep.）Dandy	Magnoliaceae/木兰科	Ⅱ级，***，EN，特有
415	落叶木莲	*Manglietia decidua* Q. Y. Zheng	Magnoliaceae/木兰科	Ⅰ级，ESP，VU，特有

序号	中文名	拉丁名	科名	综合等级*
416	川滇木莲	*Manglietia duclouxii* Finet & Gagnep.	Magnoliaceae/木兰科	VU
417	滇桂木莲	*Manglietia forrestii* W. W. Sm. ex Dandy	Magnoliaceae/木兰科	VU
418	苍背木莲	*Manglietia glaucifolia* Y. W. Law & Y. F. Wu	Magnoliaceae/木兰科	CR, 特有
419	大果木莲	*Manglietia grandis* H. H. Hu & W. C. Cheng	Magnoliaceae/木兰科	Ⅱ级, ***, VU, 特有
420	中缅木莲	*Manglietia hookeri* Cubitt & W. W. Sm.	Magnoliaceae/木兰科	VU
421	红花木莲	*Manglietia insignis*（Wall.）Blume	Magnoliaceae/木兰科	***, VU
422	毛桃木莲	*Manglietia kwangtungensis*（Merr.）Dandy	Magnoliaceae/木兰科	VU, 特有
423	长梗木莲	*Manglietia longipedunculata* Q. W. Zeng & Y. W. Law	Magnoliaceae/木兰科	CR, 特有
424	亮叶木莲	*Manglietia lucida* B. L. Chen & S. C. Yang	Magnoliaceae/木兰科	EN, 特有
425	卵果木莲	*Manglietia ovoidea* Hung T. Chang & B. L. Chen	Magnoliaceae/木兰科	EN, 特有
426	厚叶木莲	*Manglietia pachyphylla* Hung T. Chang	Magnoliaceae/木兰科	Ⅱ级, VU, 特有
427	巴东木莲	*Manglietia patungensis* H. H. Hu	Magnoliaceae/木兰科	**, VU, 特有
428	毛瓣木莲	*Manglietia rufibarbata* Dandy	Magnoliaceae/木兰科	EN
429	四川木莲	*Manglietia szechuanica* H. H. Hu	Magnoliaceae/木兰科	VU, 特有
430	毛果木莲	*Manglietia ventii* Tiep	Magnoliaceae/木兰科	EN
431	华盖木	*Manglietiastrum sinicum* Y. W. Law	Magnoliaceae/木兰科	Ⅰ级, **, ESP
432	合果木	*Michelia baillonii*（Pierre）Finet & Gagnep.	Magnoliaceae/木兰科	Ⅱ级, ***, VU
433	乐昌含笑	*Michelia chapensis* Dandy	Magnoliaceae/木兰科	NT
434	西畴含笑	*Michelia coriacea* Hung T. Chang & B. L. Chen	Magnoliaceae/木兰科	VU
435	紫花含笑	*Michelia crassipes* Y. W. Law	Magnoliaceae/木兰科	EN, 特有
436	雅致含笑	*Michelia elegans* Y. W. Law & Y. F. Wu	Magnoliaceae/木兰科	EN, 特有
437	素黄含笑	*Michelia flaviflora* Y. W. Law & Y. F. Wu	Magnoliaceae/木兰科	VU
438	福建含笑	*Michelia fujianensis* Q. F. Zheng	Magnoliaceae/木兰科	VU, 特有
439	广西含笑	*Michelia guangxiensis* Y. W. Law & R. Z. Zhou	Magnoliaceae/木兰科	EN, 特有
440	香籽含笑	*Michelia hedyosperma* Y. W. Law	Magnoliaceae/木兰科	***
441	壮丽含笑	*Michelia lacei* W. W. Sm.	Magnoliaceae/木兰科	EN
442	黄心夜合	*Michelia martini*（H. Lév.）Finet & Gagnep. ex H. Lév.	Magnoliaceae/木兰科	NT, 特有
443	马关含笑	*Michelia opipara* Hung T. Chang & B. L. Chen	Magnoliaceae/木兰科	EN, 特有
444	石碌含笑	*Michelia shiluensis* Chun & Y. F. Wu	Magnoliaceae/木兰科	Ⅱ级, EN, 特有
445	球花含笑	*Michelia sphaerantha* C. Y. Wu ex Z. S. Yue	Magnoliaceae/木兰科	VU, 特有
446	峨眉含笑	*Michelia wilsonii* Finet & Gagnep.	Magnoliaceae/木兰科	Ⅱ级, **, ESP

序号	中文名	拉丁名	科名	综合等级*
447	乐东拟单性木莲	*Parakmeria lotungensis* (Chun & C. H. Tsoong) Y. W. Law	Magnoliaceae/木兰科	***, VU, 特有
448	光叶拟单性木兰	*Parakmeria nitida* (W. W. Sm.) Y. W. Law	Magnoliaceae/木兰科	VU
449	峨眉拟单性木莲	*Parakmeria omeiensis* W.C. Cheng	Magnoliaceae/木兰科	Ⅰ级, ***, ESP, CR, 特有
450	云南拟单性木兰	*Parakmeria yunnanensis* H. H. Hu	Magnoliaceae/木兰科	Ⅱ级, ***, VU
451	盖裂木	*Talauma hodgsonii* Hook. f. & Thomson	Magnoliaceae/木兰科	VU
452	观光木	*Tsoongiodendron odorum* Chun	Magnoliaceae/木兰科	**, ESP, NT
453	樟叶槿	*Hibiscus grewiifolius* Hassk.	Malvaceae/锦葵科	NT
454	庐山芙蓉	*Hibiscus paramutabilis* L. H. Bailey	Malvaceae/锦葵科	VU, 特有
455	华木槿	*Hibiscus sinosyriacus* L. H. Bailey	Malvaceae/锦葵科	NT, 特有
456	竹叶蕉	*Donax canniformis* (G. Forst.) K. Schum.	Marantaceae/竹芋科	VU
457	短茎异药花	*Fordiophyton brevicaule* C. Chen	Melastomataceae/野牡丹科	VU, 特有
458	虎颜花	*Tigridiopalma magnifica* C. Chen	Melastomataceae/野牡丹科	EN, 特有
459	粗枝木楝	*Aglaia lawii* (Wight) C. J. Saldanha	Meliaceae/楝科	Ⅱ级, ***, VU
460	红椿	*Toona ciliata* M. Roem.	Meliaceae/楝科	Ⅱ级, ***, VU
461	古山龙	*Arcangelisia gusanlung* H. S. Lo	Menispermaceae/防己科	NT, 特有
462	血散薯	*Stephania dielsiana* Y. C. Wu	Menispermaceae/防己科	VU, 特有
463	海南地不容	*Stephania hainanensis* H. S. Lo & Y. Tsoong	Menispermaceae/防己科	EN, 特有
464	广西地不容	*Stephania kwangsiensis* H. S. Lo	Menispermaceae/防己科	EN, 特有
465	小荇菜	*Nymphoides coreana* (H. Lév.) H. Hara	Menyanthaceae/睡菜科	NT
466	见血封喉	*Antiaris toxicaria* Lesch.	Moraceae/桑科	***, NT
467	白桂木	*Artocarpus hypargyreus* Hance ex Benth.	Moraceae/桑科	***, EN, 特有
468	野波罗蜜	*Artocarpus lakoocha* Roxb.	Moraceae/桑科	VU
469	环纹榕	*Ficus annulata* Blume	Moraceae/桑科	CR
470	贵州榕	*Ficus guizhouensis* S. S. Chang	Moraceae/桑科	VU, 特有
471	极简榕	*Ficus simplicissima* Lour.	Moraceae/桑科	VU
472	越桔榕	*Ficus vaccinioides* Hemsl. ex King	Moraceae/桑科	EN, 特有
473	海南风吹楠/滇南风吹楠	*Horsfieldia kingii* (Hook. f.) Warb.	Myristicaceae/肉豆蔻科	Ⅱ级, ***, ESP, VU
474	琴叶风吹楠	*Horsfieldia prainii* (King) Warb.	Myristicaceae/肉豆蔻科	***, VU
475	拟杜茎山	*Maesa consanguinea* Merr.	Myrsinaceae/紫金牛科	NT, 特有
476	薄叶杜茎山	*Maesa macilentoides* C. Chen	Myrsinaceae/紫金牛科	NT, 特有
477	网脉杜茎山	*Maesa reticulata* C. Y. Wu	Myrsinaceae/紫金牛科	NT

序号	中文名	拉丁名	科名	综合等级*
478	皱萼蒲桃	*Syzygium rysopodum* Merr. & L. M. Perry	Myrtaceae/桃金娘科	NT，特有
479	思茅蒲桃	*Syzygium szemaoense* Merr. & L. M. Perry	Myrtaceae/桃金娘科	NT
480	猪笼草	*Nepenthes mirabilis*（Lour.）Druce	Nepenthaceae/猪笼草科	附录Ⅱ，VU
481	莲	*Nelumbo nucifera* Gaertn.	Nymphaeaceae/睡莲科	Ⅱ级
482	雪白睡莲	*Nymphaea candida* C. Presl	Nymphaeaceae/睡莲科	Ⅱ级，EN
483	喜树	*Camptotheca acuminata* Decne.	Nyssaceae/蓝果树科	Ⅱ级，ESP，LC，特有
484	珙桐	*Davidia involucrata* Baill. var. *vilmoriniana*（Dode）Wangerin	Nyssaceae/蓝果树科	Ⅰ级，*
485	毛叶紫树	*Nyssa yunnanensis* W. Q. Yin ex H. N. Qin & Phengklai	Nyssaceae/蓝果树科	Ⅰ级，***，ESP，CR，特有
486	合柱金莲木	*Sinia rhodoleuca* Diels	Ochnaceae/金莲木科	Ⅰ级，**
487	湖北梣	*Fraxinus hupehensis* S. Z. Qu, C. B. Shang & P. L. Su	Oleaceae/木犀科	EN，特有
488	海南胶核木	*Myxopyrum pierrei* Gagnep.	Oleaceae/木犀科	VU
489	双瓣木犀	*Osmanthus didymopetalus* P. S. Green	Oleaceae/木犀科	VU，特有
490	网脉木犀	*Osmanthus reticulatus* P. S. Green	Oleaceae/木犀科	NT，特有
491	多花脆兰	*Acampe rigida*（Buch.-Ham. ex Sm.）P. F. Hunt	Orchidaceae/兰科	附录Ⅱ，LC
492	坛花兰	*Acanthephippium sylhetense* Lindl.	Orchidaceae/兰科	VU
493	合萼兰	*Acriopsis indica* Wight	Orchidaceae/兰科	附录Ⅱ，EN
494	扇唇指甲兰	*Aerides flabellata* Rolfe ex Downie	Orchidaceae/兰科	附录Ⅱ，EN
495	多花指甲兰	*Aerides rosea* Lodd. ex Lindl. & Paxton	Orchidaceae/兰科	附录Ⅱ，EN
496	禾叶兰	*Agrostophyllum callosum* Rchb. f.	Orchidaceae/兰科	NT
497	滇南开唇兰	*Anoectochilus burmannicus* Rolfe	Orchidaceae/兰科	VU
498	台湾银线兰	*Anoectochilus formosanus* Hayata	Orchidaceae/兰科	NT
499	金线兰	*Anoectochilus roxburghii*（Wall.）Lindl.	Orchidaceae/兰科	附录Ⅱ，EN
500	剑叶拟兰	*Apostasia wallichii* R. Br.	Orchidaceae/兰科	附录Ⅱ，EN
501	牛齿兰	*Appendicula cornuta* Blume	Orchidaceae/兰科	附录Ⅱ，LC
502	窄唇蜘蛛兰	*Arachnis labrosa*（Lindl. & Paxton）Rchb. f.	Orchidaceae/兰科	附录Ⅱ，LC
503	竹叶兰	*Arundina graminifolia*（D. Don）Hochr.	Orchidaceae/兰科	附录Ⅱ，LC
504	鸟舌兰	*Ascocentrum ampullaceum*（Roxb.）Schltr.	Orchidaceae/兰科	附录Ⅱ，EN
505	圆柱叶鸟舌兰	*Ascocentrum himalaicum*（Deb, Sengupta & Malick）Christenson	Orchidaceae/兰科	附录Ⅱ
506	白及	*Bletilla striata*（Thunb.）Rchb. f.	Orchidaceae/兰科	附录Ⅱ，EN
507	赤唇石豆兰	*Bulbophyllum affine* Lindl.	Orchidaceae/兰科	附录Ⅱ，LC

续表

序号	中文名	拉丁名	科名	综合等级*
508	芳香石豆兰	*Bulbophyllum ambrosia*（Hance）Schltr.	Orchidaceae/兰科	附录Ⅱ，LC
509	大叶卷瓣兰	*Bulbophyllum amplifolium*（Rolfe）N. P. Balakr. & Sud. Chowdhury	Orchidaceae/兰科	附录Ⅱ，LC
510	梳帽卷瓣兰	*Bulbophyllum andersonii*（Hook.f.）J. J. Sm.	Orchidaceae/兰科	附录Ⅱ，LC
511	短耳石豆兰	*Bulbophyllum crassipes* Hook. f.	Orchidaceae/兰科	附录Ⅱ，LC
512	直唇卷瓣兰	*Bulbophyllum delitescens* Hance	Orchidaceae/兰科	附录Ⅱ，VU
513	富宁卷瓣兰	*Bulbophyllum funingense* Z. H. Tsi & S. C. Chen	Orchidaceae/兰科	附录Ⅱ，LC
514	白花卷瓣兰	*Bulbophyllum khaoyaiense* Seidenf.	Orchidaceae/兰科	附录Ⅱ，EN
515	广东石豆兰	*Bulbophyllum kwangtungense* Schltr.	Orchidaceae/兰科	附录Ⅱ，LC，特有
516	齿瓣石豆兰	*Bulbophyllum levinei* Schltr.	Orchidaceae/兰科	附录Ⅱ，LC
517	长臂卷瓣兰	*Bulbophyllum longibrachiatum* Z. H. Tsi	Orchidaceae/兰科	附录Ⅱ，EN
518	勐海石豆兰	*Bulbophyllum menghaiense* Z. H. Tsi	Orchidaceae/兰科	附录Ⅱ，CR，特有
519	勐仑石豆兰	*Bulbophyllum menglunense* Z. H. Tsi & Y. Z. Ma	Orchidaceae/兰科	附录Ⅱ，EN，特有
520	密花石豆兰	*Bulbophyllum odoratissimum*（Sm.）Lindl.	Orchidaceae/兰科	附录Ⅱ，LC
521	麦穗石豆兰	*Bulbophyllum orientale* Seidenf.	Orchidaceae/兰科	附录Ⅱ，LC
522	彩色卷瓣兰	*Bulbophyllum picturatum*（Lodd.）Rchb. f.	Orchidaceae/兰科	附录Ⅱ，NT
523	曲萼石豆兰	*Bulbophyllum pteroglossum* Schltr.	Orchidaceae/兰科	VU
524	伏生石豆兰	*Bulbophyllum reptans*（Lindl.）Lindl.	Orchidaceae/兰科	附录Ⅱ，LC
525	薄叶卷瓣兰	*Bulbophyllum retusiusculum* Rchb. f.	Orchidaceae/兰科	附录Ⅱ
526	美花卷瓣兰	*Bulbophyllum rothschildianum*（O'Brien）J. J. Sm.	Orchidaceae/兰科	附录Ⅱ，VU
527	双斑叠鞘石斛	*Bulbophyllum schillerianum* Rchb. f.	Orchidaceae/兰科	附录Ⅱ
528	柄叶石豆兰	*Bulbophyllum spathaceum* Rolfe	Orchidaceae/兰科	附录Ⅱ
529	匙萼卷瓣兰	*Bulbophyllum spathulatum*（Rolfe ex E. W. Cooper）Seidenf.	Orchidaceae/兰科	附录Ⅱ，VU
530	短足石豆兰	*Bulbophyllum stenobulbon* E. C. Parish & Rchb. f.	Orchidaceae/兰科	附录Ⅱ，VU
531	泰国卷瓣兰	*Bulbophyllum thaiorum* J. J. Sm.	Orchidaceae/兰科	附录Ⅱ，DD
532	伞花卷瓣兰	*Bulbophyllum umbellatum* Lindl.	Orchidaceae/兰科	附录Ⅱ，LC
533	等萼卷瓣兰	*Bulbophyllum violaceolabellum* Seidenf.	Orchidaceae/兰科	附录Ⅱ，EN
534	双叶卷瓣兰	*Bulbophyllum wallichii*（Lindl.）Rchb. f.	Orchidaceae/兰科	VU
535	流苏虾脊兰	*Calanthe alpina* Hook. f. ex Lindl.	Orchidaceae/兰科	附录Ⅱ，LC
536	银带虾脊兰	*Calanthe argenteostriata* C. Z. Tang & S. J. Cheng	Orchidaceae/兰科	附录Ⅱ，LC
537	翘距虾脊兰	*Calanthe aristulifera* Rchb. f.	Orchidaceae/兰科	附录Ⅱ，NT
538	肾唇虾脊兰	*Calanthe brevicornu* Lindl.	Orchidaceae/兰科	附录Ⅱ，LC
539	棒距虾脊兰	*Calanthe clavata* Lindl.	Orchidaceae/兰科	附录Ⅱ，LC

序号	中文名	拉丁名	科名	综合等级*
540	剑叶虾脊兰	*Calanthe davidii* Franch.	Orchidaceae/兰科	附录Ⅱ，LC
541	密花虾脊兰	*Calanthe densiflora* Lindl.	Orchidaceae/兰科	附录Ⅱ，LC
542	虾脊兰	*Calanthe discolor* Lindl.	Orchidaceae/兰科	附录Ⅱ，LC
543	钩距虾脊兰	*Calanthe graciliflora* Hayata	Orchidaceae/兰科	附录Ⅱ
544	叉唇虾脊兰	*Calanthe hancockii* Rolfe	Orchidaceae/兰科	附录Ⅱ，LC，特有
545	西南虾脊兰	*Calanthe herbacea* Lindl.	Orchidaceae/兰科	附录Ⅱ，VU
546	葫芦茎虾脊兰	*Calanthe labrosa*（Rchb. f.）Rchb. f.	Orchidaceae/兰科	附录Ⅱ，VU
547	乐昌虾脊兰	*Calanthe lechangensis* Z. H. Tsi & Tang	Orchidaceae/兰科	附录Ⅱ，EN，特有
548	中华虾脊兰	*Calanthe sinica* Z. H. Tsi	Orchidaceae/兰科	附录Ⅱ，EN，特有
549	长距虾脊兰	*Calanthe sylvatica*（Thouars）Lindl.	Orchidaceae/兰科	附录Ⅱ，LC
550	三棱虾脊兰	*Calanthe tricarinata* Lindl.	Orchidaceae/兰科	附录Ⅱ，LC
551	三褶虾脊兰	*Calanthe triplicata*（Willemet）Ames	Orchidaceae/兰科	附录Ⅱ，LC
552	黄兰	*Cephalantheropsis obcordata*（Lindl.）Ormerod	Orchidaceae/兰科	附录Ⅱ，NT
553	牛角兰	*Ceratostylis hainanensis* Z. H. Tsi	Orchidaceae/兰科	ESP，VU，特有
554	管叶牛角兰	*Ceratostylis subulata* Blume	Orchidaceae/兰科	附录Ⅱ，LC
555	反瓣叉柱兰	*Cheirostylis thailandica* Seidenf.	Orchidaceae/兰科	NT
556	锚钩吻兰	*Chrysoglossum assamicum* Hook. f.	Orchidaceae/兰科	VU
557	长帽隔距兰	*Cleisostoma longioperculatum* Z. H. Tsi	Orchidaceae/兰科	CR，特有
558	大序隔距兰	*Cleisostoma paniculatum*（Ker Gawl.）Garay	Orchidaceae/兰科	附录Ⅱ，LC
559	短茎隔距兰	*Cleisostoma parishii*（Hook. f.）Garay	Orchidaceae/兰科	附录Ⅱ，LC
560	大叶隔距兰	*Cleisostoma racemiferum*（Lindl.）Garay	Orchidaceae/兰科	附录Ⅱ，LC
561	尖喙隔距兰	*Cleisostoma rostratum*（Lodd. ex Lindl.）Garay	Orchidaceae/兰科	附录Ⅱ，LC
562	毛柱隔距兰	*Cleisostoma simondii*（Gagnep.）Seidenf.	Orchidaceae/兰科	附录Ⅱ
563	红花隔距兰	*Cleisostoma williamsonii*（Rchb. f.）Garay	Orchidaceae/兰科	附录Ⅱ，LC
564	滇西贝母兰	*Coelogyne calcicola* Kerr	Orchidaceae/兰科	附录Ⅱ，EN
565	流苏贝母兰	*Coelogyne fimbriata* Lindl.	Orchidaceae/兰科	附录Ⅱ，LC
566	栗鳞贝母兰	*Coelogyne flaccida* Lindl.	Orchidaceae/兰科	附录Ⅱ，NT
567	褐唇贝母兰	*Coelogyne fuscescens* Lindl.	Orchidaceae/兰科	附录Ⅱ，NT
568	白花贝母兰	*Coelogyne leucantha* W. W. Sm.	Orchidaceae/兰科	附录Ⅱ，VU
569	卵叶贝母兰	*Coelogyne occultata* Hook. f.	Orchidaceae/兰科	附录Ⅱ，LC
570	禾叶贝母兰	*Coelogyne viscosa* Rchb. f.	Orchidaceae/兰科	附录Ⅱ，NT
571	吻兰	*Collabium chinense*（Rolfe）Tang & F. T. Wang	Orchidaceae/兰科	附录Ⅱ，LC
572	蛤兰	*Conchidium pusillum* Griff.	Orchidaceae/兰科	附录Ⅱ，VU，特有

序号	中文名	拉丁名	科名	综合等级*
573	管花兰	*Corymborkis veratrifolia*（Reinw.）Blume	Orchidaceae/兰科	NT
574	二脊沼兰	*Crepidium finetii*（Gagnep.）S. C. Chen & J. J. Wood	Orchidaceae/兰科	EN
575	深裂沼兰	*Crepidium purpureum*（Lindl.）Szlach.	Orchidaceae/兰科	附录Ⅱ，LC
576	隐柱兰	*Cryptostylis arachnites*（Blume）Blume	Orchidaceae/兰科	附录Ⅱ，LC
577	纹瓣兰	*Cymbidium aloifolium*（L.）Sw.	Orchidaceae/兰科	附录Ⅱ，NT
578	莎叶兰	*Cymbidium cyperifolium* Wall. ex Lindl.	Orchidaceae/兰科	附录Ⅱ
579	冬凤兰	*Cymbidium dayanum* Rchb. f.	Orchidaceae/兰科	附录Ⅱ，VU
580	独占春	*Cymbidium eburneum* Lindl.	Orchidaceae/兰科	附录Ⅱ
581	建兰	*Cymbidium ensifolium*（L.）Sw.	Orchidaceae/兰科	附录Ⅱ，VU
582	蕙兰	*Cymbidium faberi* Rolfe	Orchidaceae/兰科	附录Ⅱ，LC
583	多花兰	*Cymbidium floribundum* Lindl.	Orchidaceae/兰科	附录Ⅱ，VU
584	春兰	*Cymbidium goeringii*（Rchb. f.）Rchb. f.	Orchidaceae/兰科	附录Ⅱ，VU
585	虎头兰	*Cymbidium hookerianum* Rchb. f.	Orchidaceae/兰科	附录Ⅱ，EN
586	黄蝉兰	*Cymbidium iridioides* D. Don	Orchidaceae/兰科	附录Ⅱ，VU
587	寒兰	*Cymbidium kanran* Makino	Orchidaceae/兰科	附录Ⅱ，VU
588	兔耳兰	*Cymbidium lancifolium* Hook.	Orchidaceae/兰科	附录Ⅱ，LC
589	碧玉兰	*Cymbidium lowianum*（Rchb. f.）Rchb. f.	Orchidaceae/兰科	附录Ⅱ，EN
590	硬叶兰	*Cymbidium mannii* Rchb. f.	Orchidaceae/兰科	NT
591	邱北冬蕙兰	*Cymbidium qiubeiense* K. M. Feng & H. Li	Orchidaceae/兰科	附录Ⅱ，EN，特有
592	墨兰	*Cymbidium sinense*（Jacks. ex Andrews）Willd.	Orchidaceae/兰科	附录Ⅱ，VU
593	西藏虎头兰	*Cymbidium tracyanum* L. Castle	Orchidaceae/兰科	附录Ⅱ，LC
594	黄花杓兰	*Cypripedium flavum* P. F. Hunt & Summerh.	Orchidaceae/兰科	附录Ⅱ，VU，特有
595	紫点杓兰	*Cypripedium guttatum* Sw.	Orchidaceae/兰科	附录Ⅱ，EN
596	绿花杓兰	*Cypripedium henryi* Rolfe	Orchidaceae/兰科	附录Ⅱ，NT，特有
597	西藏杓兰	*Cypripedium tibeticum* King ex Rolfe	Orchidaceae/兰科	附录Ⅱ，LC
598	钩状石斛	*Dendrobium aduncum* Wall. ex Lindl.	Orchidaceae/兰科	附录Ⅱ，VU
599	兜唇石斛	*Dendrobium aphyllum*（Roxb.）C. E. Fisch.	Orchidaceae/兰科	附录Ⅱ
600	长苏石斛	*Dendrobium brymerianum* Rchb. f.	Orchidaceae/兰科	附录Ⅱ，EN
601	短棒石斛	*Dendrobium capillipes* Rchb. f.	Orchidaceae/兰科	附录Ⅱ，EN
602	翅萼石斛	*Dendrobium cariniferum* Rchb. f.	Orchidaceae/兰科	附录Ⅱ，EN
603	喉红石斛	*Dendrobium christyanum* Rchb. f.	Orchidaceae/兰科	附录Ⅱ，VU
604	束花石斛	*Dendrobium chrysanthum* Wall. ex Lindl.	Orchidaceae/兰科	附录Ⅱ，VU

序号	中文名	拉丁名	科名	综合等级*
605	线叶石斛	*Dendrobium chryseum* Rolfe	Orchidaceae/兰科	附录Ⅱ，EN
606	鼓槌石斛	*Dendrobium chrysotoxum* Lindl.	Orchidaceae/兰科	附录Ⅱ，VU
607	玫瑰石斛	*Dendrobium crepidatum* Lindl. & Paxton	Orchidaceae/兰科	附录Ⅱ，EN
608	晶帽石斛	*Dendrobium crystallinum* Rchb. f.	Orchidaceae/兰科	附录Ⅱ，EN
609	叠鞘石斛	*Dendrobium denneanum* Kerr	Orchidaceae/兰科	附录Ⅱ，VU
610	密花石斛	*Dendrobium densiflorum* Wall.	Orchidaceae/兰科	附录Ⅱ，VU
611	齿瓣石斛	*Dendrobium devonianum* Paxton	Orchidaceae/兰科	附录Ⅱ，EN
612	反瓣石斛	*Dendrobium ellipsophyllum* Tang & F. T. Wang	Orchidaceae/兰科	EN
613	燕石斛	*Dendrobium equitans* Kraenzl.	Orchidaceae/兰科	CR
614	景洪石斛	*Dendrobium exile* Schltr.	Orchidaceae/兰科	附录Ⅱ，VU
615	串珠石斛	*Dendrobium falconeri* Hook.	Orchidaceae/兰科	附录Ⅱ，VU
616	流苏石斛	*Dendrobium fimbriatum* Hook.	Orchidaceae/兰科	附录Ⅱ，VU
617	棒节石斛	*Dendrobium findleyanum* E.C. Parish & Rchb. f.	Orchidaceae/兰科	附录Ⅱ，EN
618	曲茎石斛	*Dendrobium flexicaule* Z. H. Tsi, S. C. Sun & L. G. Xu	Orchidaceae/兰科	附录Ⅱ，CR，特有
619	双花石斛	*Dendrobium furcatopedicellatum* Hayata	Orchidaceae/兰科	附录Ⅱ，LC，特有
620	曲轴石斛	*Dendrobium gibsonii* Lindl.	Orchidaceae/兰科	附录Ⅱ，EN
621	杯鞘石斛	*Dendrobium gratiosissimum* Rchb. f.	Orchidaceae/兰科	附录Ⅱ，VU
622	海南石斛	*Dendrobium hainanense* Rolfe	Orchidaceae/兰科	附录Ⅱ，ESP，VU
623	细叶石斛	*Dendrobium hancockii* Rolfe	Orchidaceae/兰科	附录Ⅱ，EN
624	苏瓣石斛	*Dendrobium harveyanum* Rchb. f.	Orchidaceae/兰科	附录Ⅱ，EN
625	疏花石斛	*Dendrobium henryi* Schltr.	Orchidaceae/兰科	附录Ⅱ，LC
626	重唇石斛	*Dendrobium hercoglossum* Rchb. f.	Orchidaceae/兰科	附录Ⅱ，NT
627	小黄花石斛	*Dendrobium jenkinsii* Wall. ex Lindl.	Orchidaceae/兰科	附录Ⅱ，LC
628	矩唇石斛	*Dendrobium linawianum* Rchb. f.	Orchidaceae/兰科	附录Ⅱ，EN，特有
629	聚石斛	*Dendrobium lindleyi* Steud.	Orchidaceae/兰科	附录Ⅱ，LC
630	喇叭唇石斛	*Dendrobium lituiflorum* Lindl.	Orchidaceae/兰科	附录Ⅱ，CR
631	美花石斛	*Dendrobium loddigesii* Rolfe	Orchidaceae/兰科	附录Ⅱ，VU
632	罗河石斛	*Dendrobium lohohense* Tang & F. T. Wang	Orchidaceae/兰科	EN，特有
633	长距石斛	*Dendrobium longicornu* Lindl.	Orchidaceae/兰科	附录Ⅱ，EN
634	细茎石斛	*Dendrobium moniliforme*（L.）Sw.	Orchidaceae/兰科	附录Ⅱ
635	杓唇石斛	*Dendrobium moschatum*（Buch.-Ham.）Sw.	Orchidaceae/兰科	附录Ⅱ，EN
636	石斛	*Dendrobium nobile* Lindl.	Orchidaceae/兰科	附录Ⅱ，VU

序号	中文名	拉丁名	科名	综合等级*
637	铁皮石斛	*Dendrobium officinale* Kimura & Migo	Orchidaceae/兰科	附录Ⅱ
638	紫瓣石斛	*Dendrobium parishii* Rchb. f.	Orchidaceae/兰科	附录Ⅱ，EN
639	肿节石斛	*Dendrobium pendulum* Roxb.	Orchidaceae/兰科	附录Ⅱ，EN
640	报春石斛	*Dendrobium polyanthum* Wall. ex Lindl.	Orchidaceae/兰科	附录Ⅱ
641	针叶石斛	*Dendrobium pseudotenellum* Guillaumin	Orchidaceae/兰科	附录Ⅱ，EN
642	竹枝石斛	*Dendrobium salaccense*（Blume）Lindl.	Orchidaceae/兰科	附录Ⅱ，VU
643	滇桂石斛	*Dendrobium scoriarum* W. W. Sm.	Orchidaceae/兰科	附录Ⅱ，CR
644	勐海石斛	*Dendrobium sinominutiflorum* S. C. Chen, J. J. Wood & H. P. Wood	Orchidaceae/兰科	附录Ⅱ，EN，特有
645	剑叶石斛	*Dendrobium spatella* Rchb. f.	Orchidaceae/兰科	VU
646	球花石斛	*Dendrobium thyrsiflorum* Rchb. f. ex André	Orchidaceae/兰科	附录Ⅱ，NT
647	翅梗石斛	*Dendrobium trigonopus* Rchb. f.	Orchidaceae/兰科	附录Ⅱ，NT
648	大苞鞘石斛	*Dendrobium wardianum* R. Warner	Orchidaceae/兰科	附录Ⅱ，VU
649	黑毛石斛	*Dendrobium williamsonii* J. Day & Rchb. f.	Orchidaceae/兰科	附录Ⅱ，EN
650	无耳沼兰	*Dienia ophrydis*（J. König）Seidenf.	Orchidaceae/兰科	附录Ⅱ，LC
651	蛇舌兰	*Diploprora championii* Hook. f.	Orchidaceae/兰科	附录Ⅱ，LC
652	五唇兰	*Doritis pulcherrima* Lindl.	Orchidaceae/兰科	ESP，CR
653	火烧兰	*Epipactis helleborine*（L.）Crantz	Orchidaceae/兰科	附录Ⅱ
654	半柱毛兰	*Eria corneri* Rchb. f.	Orchidaceae/兰科	附录Ⅱ，LC
655	足茎毛兰	*Eria coronaria*（Lindl.）Rchb. f.	Orchidaceae/兰科	附录Ⅱ，LC
656	香花毛兰	*Eria javanica*（Sw.）Blume	Orchidaceae/兰科	附录Ⅱ，EN
657	长苞毛兰	*Eria obvia* W. W. Sm.	Orchidaceae/兰科	VU，特有
658	指叶毛兰	*Eria pannea* Lindl.	Orchidaceae/兰科	附录Ⅱ，LC
659	指叶拟毛兰	*Eria pannea* Lindl.	Orchidaceae/兰科	NT
660	菱唇毛兰	*Eria rhomboidalis* Tang & F. T. Wang	Orchidaceae/兰科	NT，特有
661	玫瑰毛兰	*Eria rosea* Lindl.	Orchidaceae/兰科	附录Ⅱ，EN，特有
662	密花毛兰	*Eria spicata*（D. Don）Hand.-Mazz.	Orchidaceae/兰科	附录Ⅱ，LC
663	毛梗兰	*Eriodes barbata*（Lindl.）Rolfe	Orchidaceae/兰科	附录Ⅱ，VU
664	黄花美冠兰	*Eulophia flava*（Lindl.）Hook. f.	Orchidaceae/兰科	附录Ⅱ，VU
665	美冠兰	*Eulophia graminea* Lindl.	Orchidaceae/兰科	附录Ⅱ，LC
666	紫花美冠兰	*Eulophia spectabilis*（Dennst.）Suresh	Orchidaceae/兰科	附录Ⅱ，LC
667	流苏金石斛	*Flickingeria fimbriata*（Blume）A. D. Hawkes	Orchidaceae/兰科	附录Ⅱ，LC
668	大花盆距兰	*Gastrochilus bellinus*（Rchb. f.）Kuntze	Orchidaceae/兰科	VU

序号	中文名	拉丁名	科名	综合等级*
669	盆距兰	*Gastrochilus calceolaris* (Buch.-Ham. ex Sm.) D. Don	Orchidaceae/兰科	附录Ⅱ，LC
670	台湾盆距兰	*Gastrochilus formosanus* (Hayata) Hayata	Orchidaceae/兰科	NT，特有
671	黄松盆距兰	*Gastrochilus japonicus* (Makino) Schltr.	Orchidaceae/兰科	附录Ⅱ，VU
672	天麻	*Gastrodia elata* Blume	Orchidaceae/兰科	***，附录Ⅱ，DD
673	地宝兰	*Geodorum densiflorum* (Lam.) Schltr.	Orchidaceae/兰科	附录Ⅱ，LC
674	硬叶毛兰	*Goodyera hispida* Lindl.	Orchidaceae/兰科	VU
675	高斑叶兰	*Goodyera procera* (Ker Gawl.) Hook.	Orchidaceae/兰科	附录Ⅱ，LC
676	小斑叶兰	*Goodyera repens* (L.) R. Br.	Orchidaceae/兰科	附录Ⅱ，LC
677	斑叶兰	*Goodyera schlechtendaliana* Rchb. f.	Orchidaceae/兰科	NT
678	绿花斑叶兰	*Goodyera viridiflora* (Blume) Lindl. ex D. Dietr.	Orchidaceae/兰科	附录Ⅱ，LC
679	西南手参	*Gymnadenia orchidis* Lindl.	Orchidaceae/兰科	VU
680	毛葶玉凤花	*Habenaria ciliolaris* Kraenzl.	Orchidaceae/兰科	附录Ⅱ，LC
681	线瓣玉凤花	*Habenaria fordii* Rolfe	Orchidaceae/兰科	附录Ⅱ，LC，特有
682	坡参	*Habenaria linguella* Lindl.	Orchidaceae/兰科	附录Ⅱ，NT
683	橙黄玉凤花	*Habenaria rhodocheila* Hance	Orchidaceae/兰科	附录Ⅱ，LC
684	香兰	*Haraella retrocalla* (Hayata) Kudo	Orchidaceae/兰科	NT，特有
685	大根槽舌兰	*Holcoglossum amesianum* (Rchb. f.) Christenson	Orchidaceae/兰科	附录Ⅱ，VU
686	短距槽舌兰	*Holcoglossum flavescens* (Schltr.) Z. H. Tsi	Orchidaceae/兰科	附录Ⅱ，VU，特有
687	湿唇兰	*Hygrochilus parishii* (Rchb. f.) Pfitzer	Orchidaceae/兰科	附录Ⅱ，NT
688	圆唇羊耳蒜	*Liparis balansae* Gagnep.	Orchidaceae/兰科	VU
689	镰翅羊耳蒜	*Liparis bootanensis* Griff.	Orchidaceae/兰科	附录Ⅱ，LC
690	大花羊耳蒜	*Liparis distans* C. B. Clarke	Orchidaceae/兰科	附录Ⅱ，LC
691	黄花羊耳蒜	*Liparis luteola* Lindl.	Orchidaceae/兰科	附录Ⅱ，VU
692	见血青	*Liparis nervosa* (Thunb.) Lindl.	Orchidaceae/兰科	附录Ⅱ，LC
693	长茎羊耳蒜	*Liparis viridiflora* (Blume) Lindl.	Orchidaceae/兰科	附录Ⅱ，LC
694	血叶兰	*Ludisia discolor* (Ker Gawl.) Blume	Orchidaceae/兰科	附录Ⅱ，LC
695	大花钗子股	*Luisia magniflora* Z. H. Tsi & S. C. Chen	Orchidaceae/兰科	NT，特有
696	短瓣兰	*Monomeria barbata* Lindl.	Orchidaceae/兰科	附录Ⅱ，NT
697	风兰	*Neofinetia falcata* (Thunb.) H. H. Hu	Orchidaceae/兰科	附录Ⅱ，EN
698	新型兰	*Neogyna gardneriana* (Lindl.) Rchb. f.	Orchidaceae/兰科	附录Ⅱ，VU
699	美丽云叶兰	*Nephelaphyllum pulchrum* Blume	Orchidaceae/兰科	附录Ⅱ，VU
700	云叶兰	*Nephelaphyllum tenuiflorum* Blume	Orchidaceae/兰科	附录Ⅱ，VU

序号	中文名	拉丁名	科名	综合等级*
701	广布芋兰	*Nervilia aragoana* Gaudich.	Orchidaceae/兰科	附录Ⅱ，VU
702	毛唇芋兰	*Nervilia fordii*（Hance）Schltr.	Orchidaceae/兰科	NT
703	三蕊兰	*Neuwiedia singapureana*（Wall. ex Baker）Rolfe	Orchidaceae/兰科	EN
704	棒叶鸢尾兰	*Oberonia cavaleriei* Finet	Orchidaceae/兰科	附录Ⅱ，LC
705	剑叶鸢尾兰	*Oberonia ensiformis*（Sm.）Lindl.	Orchidaceae/兰科	附录Ⅱ，NT
706	鸢尾兰	*Oberonia mucronata*（D. Don）Ormerod & Seidenf.	Orchidaceae/兰科	附录Ⅱ，LC
707	短梗山兰	*Oreorchis erythrochrysea* Hand.-Mazz.	Orchidaceae/兰科	NT，特有
708	长叶山兰	*Oreorchis fargesii* Finet	Orchidaceae/兰科	NT，特有
709	狭叶耳唇兰	*Otochilus fuscus* Lindl.	Orchidaceae/兰科	附录Ⅱ，LC
710	拟石斛	*Oxystophyllum changjiangense*（S. J. Cheng & C. Z. Tang）M. A. Clem.	Orchidaceae/兰科	EN，特有
711	单花曲唇兰	*Panisea uniflora*（Lindl.）Lindl.	Orchidaceae/兰科	附录Ⅱ，NT
712	云南曲唇兰	*Panisea yunnanensis* S. C. Chen & Z. H. Tsi	Orchidaceae/兰科	附录Ⅱ，EN
713	卷萼兜兰	*Paphiopedilum appletonianum*（Gower）Rolfe	Orchidaceae/兰科	附录Ⅰ，EN
714	根茎兜兰	*Paphiopedilum areeanum* O. Gruss	Orchidaceae/兰科	EN
715	杏黄兜兰	*Paphiopedilum armeniacum* S. C. Chen & F. Y. Liu	Orchidaceae/兰科	附录Ⅰ，ESP，CR
716	小叶兜兰	*Paphiopedilum barbigerum* Tang & F. T. Wang	Orchidaceae/兰科	附录Ⅰ，EN
717	巨瓣兜兰	*Paphiopedilum bellatulum*（Rchb. f.）Stein	Orchidaceae/兰科	附录Ⅰ，EN
718	红旗兜兰	*Paphiopedilum charlesworthii*（Rolfe）Pfitzer	Orchidaceae/兰科	附录Ⅰ，EN
719	同色兜兰	*Paphiopedilum concolor*（Lindl. ex Bateman）Pfitzer	Orchidaceae/兰科	附录Ⅰ，VU
720	德氏兜兰	*Paphiopedilum delenatii* Guillaumin	Orchidaceae/兰科	附录Ⅰ，DD
721	长瓣兜兰	*Paphiopedilum dianthum* Tang & F. T. Wang	Orchidaceae/兰科	附录Ⅰ，VU
722	白花兜兰	*Paphiopedilum emersonii* Koop. & P. J. Cribb	Orchidaceae/兰科	附录Ⅰ，ESP，CR
723	格力兜兰	*Paphiopedilum gratrixianum* Rolfe	Orchidaceae/兰科	附录Ⅰ，ESP，EN
724	绿叶兜兰	*Paphiopedilum hangianum* Perner & O. Gruss	Orchidaceae/兰科	附录Ⅰ，CR
725	巧花兜兰	*Paphiopedilum helenae* Aver.	Orchidaceae/兰科	EN
726	亨利兜兰	*Paphiopedilum henryanum* Braem	Orchidaceae/兰科	附录Ⅰ
727	带叶兜兰	*Paphiopedilum hirsutissimum*（Lindl. ex Hook.）Stein	Orchidaceae/兰科	附录Ⅰ，VU
728	波瓣兜兰	*Paphiopedilum insigne*（Wall. ex Lindl.）Pfitzer	Orchidaceae/兰科	附录Ⅰ，CR
729	麻栗坡兜兰	*Paphiopedilum malipoense* S. C .Chen & Z H. Tsi	Orchidaceae/兰科	附录Ⅰ
730	硬叶兜兰	*Paphiopedilum micranthum* Tang & F. T. Wang	Orchidaceae/兰科	附录Ⅰ，VU
731	飘带兜兰	*Paphiopedilum parishii*（Rchb. f.）Stein	Orchidaceae/兰科	附录Ⅰ，CR
732	紫纹兜兰	*Paphiopedilum purpuratum*（Lindl.）Stein	Orchidaceae/兰科	附录Ⅰ，EN

序号	中文名	拉丁名	科名	综合等级*
733	白旗兜兰	*Paphiopedilum spicerianum*（Rchb. f.）Pfitzer	Orchidaceae/兰科	附录I，ESP，CR
734	虎斑兜兰	*Paphiopedilum tigrinum* Koop. & N. Haseg.	Orchidaceae/兰科	附录I，CR
735	天伦兜兰	*Paphiopedilum tranlienianum* O. Gruss & Perner	Orchidaceae/兰科	附录I，ESP，EN
736	紫毛兜兰	*Paphiopedilum villosum*（Lindl.）Stein	Orchidaceae/兰科	附录I，VU
737	彩云兜兰	*Paphiopedilum wardii* Summerh.	Orchidaceae/兰科	附录I，DD
738	文山兜兰	*Paphiopedilum wenshanense* Z. J. Liu & J. Yong Zhang	Orchidaceae/兰科	ESP，EN，特有
739	凤蝶兰	*Papilionanthe teres*（Roxb.）Schltr.	Orchidaceae/兰科	附录II，VU
740	虾尾兰	*Parapteroceras elobe*（Seidenf.）Aver.	Orchidaceae/兰科	NT
741	钻柱兰	*Pelatantheria rivesii*（Guillaumin）Tang & F. T. Wang	Orchidaceae/兰科	VU
742	仙笔鹤顶兰	*Phaius columnaris* C. Z. Tang & S. J. Cheng	Orchidaceae/兰科	EN，特有
743	少花鹤顶兰	*Phaius delavayi*（Finet）P. J. Cribb & Perner	Orchidaceae/兰科	VU，特有
744	黄花鹤顶兰	*Phaius flavus*（Blume）Lindl.	Orchidaceae/兰科	附录II，LC
745	海南鹤顶兰	*Phaius hainanensis* C. Z. Tang & S. J. Cheng	Orchidaceae/兰科	ESP，CR，特有
746	紫花鹤顶兰	*Phaius mishmensis*（Lindl. & Paxton）Rchb. f.	Orchidaceae/兰科	附录II，VU
747	鹤顶兰	*Phaius tankervilleae*（Banks ex L'Herit.）Blume	Orchidaceae/兰科	附录II
748	大尖囊蝴蝶兰	*Phalaenopsis deliciosa* Rchb. f.	Orchidaceae/兰科	附录II，VU
749	小兰屿蝴蝶兰	*Phalaenopsis equestris*（Schauer）Rchb. f.	Orchidaceae/兰科	附录II，LC
750	洛氏蝴蝶兰	*Phalaenopsis lobbii*（Rchb. f.）H. R. Sweet	Orchidaceae/兰科	附录II，ESP，EN
751	麻栗坡蝴蝶兰	*Phalaenopsis malipoensis* Z. J. Liu & S. C. Chen	Orchidaceae/兰科	EN，特有
752	版纳蝴蝶兰	*Phalaenopsis mannii* Rchb. f.	Orchidaceae/兰科	附录II，EN
753	华西蝴蝶兰	*Phalaenopsis wilsonii* Rolfe	Orchidaceae/兰科	附录II，VU
754	节茎石仙桃	*Pholidota articulata* Lindl.	Orchidaceae/兰科	附录II，LC
755	石仙桃	*Pholidota chinensis* Lindl.	Orchidaceae/兰科	附录II，LC
756	凹唇石仙桃	*Pholidota convallariae*（E. C. Parish & Rchb. f.）Hook. f.	Orchidaceae/兰科	附录II，LC
757	宿苞石仙桃	*Pholidota imbricata* Hook.	Orchidaceae/兰科	附录II，LC
758	单叶石仙桃	*Pholidota leveilleana* Schltr.	Orchidaceae/兰科	附录II，VU
759	云南石仙桃	*Pholidota yunnanensis* Rolfe	Orchidaceae/兰科	NT
760	小舌唇兰	*Platanthera minor*（Miq.）Rchb. f.	Orchidaceae/兰科	附录II，LC
761	四川独蒜兰	*Pleione limprichtii* Schltr.	Orchidaceae/兰科	附录II，VU
762	秋花独蒜兰	*Pleione maculata*（Lindl.）Lindl. & Paxton	Orchidaceae/兰科	附录II，VU
763	云南独蒜兰	*Pleione yunnanensis*（Rolfe）Rolfe	Orchidaceae/兰科	附录II，VU

序号	中文名	拉丁名	科名	综合等级*
764	多穗兰	*Polystachya concreta*（Jacq.）Garay & H. R. Sweet	Orchidaceae/兰科	附录Ⅱ，LC
765	中华火焰兰	*Renanthera citrina* Aver.	Orchidaceae/兰科	附录Ⅱ，DD
766	火焰兰	*Renanthera coccinea* Lour.	Orchidaceae/兰科	附录Ⅱ，EN
767	云南火焰兰	*Renanthera imschootiana* Rolfe	Orchidaceae/兰科	附录Ⅰ，CR
768	海南钻喙兰	*Rhynchostylis gigantea*（Lindl.）Ridl.	Orchidaceae/兰科	附录Ⅱ，EN
769	钻喙兰	*Rhynchostylis retusa*（L.）Blume	Orchidaceae/兰科	附录Ⅱ，EN
770	寄树兰	*Robiquetia succisa*（Lindl.）Seidenf. & Garay	Orchidaceae/兰科	附录Ⅱ，LC
771	匙唇兰	*Schoenorchis gemmata*（Lindl.）J. J. Sm.	Orchidaceae/兰科	附录Ⅱ，LC
772	萼脊兰	*Sedirea japonica*（Rchb. f.）Garay & H. R. Sweet	Orchidaceae/兰科	附录Ⅱ，VU
773	盖喉兰	*Smitinandia micrantha*（Lindl.）Holttum	Orchidaceae/兰科	附录Ⅱ，NT
774	紫花苞舌兰	*Spathoglottis plicata* Blume	Orchidaceae/兰科	附录Ⅱ，NT
775	苞舌兰	*Spathoglottis pubescens* Lindl.	Orchidaceae/兰科	附录Ⅱ，LC
776	绶草	*Spiranthes sinensis*（Pers.）Ames	Orchidaceae/兰科	附录Ⅱ，LC
777	大苞兰	*Sunipia scariosa* Lindl.	Orchidaceae/兰科	附录Ⅱ，LC
778	心叶球柄兰	*Tainia cordifolia* Hook.f.	Orchidaceae/兰科	附录Ⅱ，EN
779	带唇兰	*Tainia dunnii* Rolfe	Orchidaceae/兰科	NT，特有
780	香港带唇兰	*Tainia hongkongensis* Rolfe	Orchidaceae/兰科	附录Ⅱ，NT
781	卵叶带唇兰	*Tainia longiscapa*（Seidenf. ex H. Turner）J. J. Wood & A. L. Lamb	Orchidaceae/兰科	CR
782	大花带唇兰	*Tainia macrantha* Hook. f.	Orchidaceae/兰科	VU
783	绿花带唇兰	*Tainia penangiana* Hook. f.	Orchidaceae/兰科	NT
784	南方带唇兰	*Tainia ruybarrettoi*（S. Y. Hu & Barretto）Aver.	Orchidaceae/兰科	EN
785	高褶带唇兰	*Tainia viridifusca*（Hook.）Benth. ex Hook. f.	Orchidaceae/兰科	EN
786	抱茎白点兰	*Thrixspermum amplexicaule*（Blume）Rchb. f.	Orchidaceae/兰科	附录Ⅱ，NT
787	白点兰	*Thrixspermum centipeda* Lour.	Orchidaceae/兰科	附录Ⅱ，LC
788	瓜子毛兰	*Trichotosia dasyphylla*（E. C. Parish & Rchb. f.）Kraenzl.	Orchidaceae/兰科	附录Ⅱ，VU
789	阔叶竹茎兰	*Tropidia angulosa*（Lindl.）Blume	Orchidaceae/兰科	附录Ⅱ，NT
790	短穗竹茎兰	*Tropidia curculigoides* Lindl.	Orchidaceae/兰科	附录Ⅱ，LC
791	竹茎兰	*Tropidia nipponica* Masam.	Orchidaceae/兰科	NT
792	垂头万代兰	*Vanda alpina*（Lindl.）Lindl.	Orchidaceae/兰科	附录Ⅱ，EN
793	白柱万代兰	*Vanda brunnea* Rchb. f.	Orchidaceae/兰科	附录Ⅱ，VU
794	大花万代兰	*Vanda coerulea* Griff. ex Lindl.	Orchidaceae/兰科	附录Ⅱ，EN
795	小蓝万代兰	*Vanda coerulescens* Griff.	Orchidaceae/兰科	附录Ⅱ，EN

序号	中文名	拉丁名	科名	综合等级*
796	琴唇万代兰	*Vanda concolor* Blume	Orchidaceae/兰科	附录Ⅱ，VU
797	叉唇万代兰	*Vanda cristata* Lindl.	Orchidaceae/兰科	附录Ⅱ，EN
798	雅美万代兰	*Vanda lamellata* Lindl.	Orchidaceae/兰科	附录Ⅱ，VU
799	矮万代兰	*Vanda pumila* Hook. f.	Orchidaceae/兰科	附录Ⅱ，VU
800	纯色万代兰	*Vanda subconcolor* Tang & F. T. Wang	Orchidaceae/兰科	附录Ⅱ，EN，特有
801	拟万代兰	*Vandopsis gigantea*（Lindl.）Pfitzer	Orchidaceae/兰科	附录Ⅱ，LC
802	大香荚兰	*Vanilla siamensis* Rolfe ex Downie	Orchidaceae/兰科	EN
803	线柱兰	*Zeuxine strateumatica*（L.）Schltr.	Orchidaceae/兰科	附录Ⅱ，LC
804	新疆芍药	*Paeonia anomala* L.	Paeoniaceae/芍药科	VU
805	美丽芍药	*Paeonia mairei* H. Lév.	Paeoniaceae/芍药科	NT，特有
806	董棕	*Caryota obtusa* Griff.	Palmae/棕榈科	Ⅱ级，**，VU
807	木董棕	*Caryota urens* L.	Palmae/棕榈科	Ⅱ级
808	琼棕	*Chuniophoenix hainanensis* Burr.	Palmae/棕榈科	**，EN，特有
809	矮琼棕	*Chuniophoenix humilis* C. Z. Tang & T. L. Wu	Palmae/棕榈科	**
810	小钩叶藤	*Plectocomia microstachys* Burret	Palmae/棕榈科	Ⅱ级，VU，特有
811	龙棕	*Trachycarpus nana* Becc.	Palmae/棕榈科	**
812	斜翼	*Plagiopteron suaveolens* Griff.	Plagiopteraceae/斜翼科	Ⅱ级，CR
813	大叶补血草	*Limonium gmelinii*（Willd.）Kuntze	Plumbaginaceae/白花丹科	VU
814	紫花丹	*Plumbago indica* L.	Plumbaginaceae/白花丹科	VU
815	射毛悬竹	*Ampelocalamus actinotrichus*（Merr. & Chun）S. L. Chen, T. H. Wen & G. Y. Sheng	Poaceae/禾本科	VU，特有
816	短穗竹	*Brachystachyum densiflorum*（Reudle）Keng	Poaceae/禾本科	***
817	寒竹	*Chimonobambusa marmorea*（Mitford）Makino	Poaceae/禾本科	VU
818	香竹	*Chimonocalamus delicatus* Hsueh & T. P. Yi	Poaceae/禾本科	VU，特有
819	勃氏甜龙竹	*Dendrocalamus brandisii*（Munro）Kurz	Poaceae/禾本科	NT
820	黑毛巨竹	*Gigantochloa nigrociliata*（Buse）Kurz	Poaceae/禾本科	NT
821	水禾	*Hygroryza aristata*（Retz.）Nees ex Wight & Arn.	Poaceae/禾本科	VU
822	美丽箬竹	*Indocalamus decorus* Q. H. Dai	Poaceae/禾本科	VU，特有
823	矮箬竹	*Indocalamus pedalis*（Keng）Keng f.	Poaceae/禾本科	EN，特有
824	华箬竹	*Sasa sinica* Keng	Poaceae/禾本科	NT，特有
825	金荞麦	*Fagopyrum dibotrys*（D. Don）H. Hara	Polygonaceae/蓼科	Ⅱ级，LC
826	浮叶眼子菜	*Potamogeton natans* L.	Potamogetonaceae/眼子菜科	NT
827	景天点地梅	*Androsace bulleyana* Forrest	Primulaceae/报春花科	NT，特有

序号	中文名	拉丁名	科名	综合等级*
828	江孜点地梅	*Androsace cuttingii* C. E. C. Fisch.	Primulaceae/报春花科	NT，特有
829	高葶点地梅	*Androsace elatior* Pax & K. Hoffm.	Primulaceae/报春花科	NT，特有
830	直立点地梅	*Androsace erecta* Maxim.	Primulaceae/报春花科	NT
831	康定点地梅	*Androsace limprichtii* Pax & K. Hoffm.	Primulaceae/报春花科	NT，特有
832	峨眉点地梅	*Androsace paxiana* R. Knuth	Primulaceae/报春花科	NT，特有
833	硬枝点地梅	*Androsace rigida* Hand.-Mazz.	Primulaceae/报春花科	NT，特有
834	狭叶点地梅	*Androsace stenophylla*（Petitm.）Hand.-Mazz.	Primulaceae/报春花科	NT，特有
835	长果报春	*Bryocarpum himalaicum* Hook. f. & Thomson	Primulaceae/报春花科	NT
836	大叶过路黄	*Lysimachia fordiana* Oliv.	Primulaceae/报春花科	NT，特有
837	中甸独花报春	*Omphalogramma forrestii* Balf. f.	Primulaceae/报春花科	NT，特有
838	条裂垂花报春	*Primula cawdoriana* Kingdon-Ward	Primulaceae/报春花科	NT，特有
839	腾冲灯台报春	*Primula chrysochlora* Balf. f. & Kingdon-Ward	Primulaceae/报春花科	VU，特有
840	峨眉报春	*Primula faberi* Oliv.	Primulaceae/报春花科	NT，特有
841	巨伞钟报春	*Primula florindae* Kingdon-Ward	Primulaceae/报春花科	NT，特有
842	宝兴掌叶报春	*Primula heucherifolia* Franch.	Primulaceae/报春花科	NT，特有
843	卵叶报春	*Primula ovalifolia* Franch.	Primulaceae/报春花科	NT，特有
844	滇海水仙花	*Primula pseudodenticulata* Pax	Primulaceae/报春花科	NT，特有
845	密裂报春	*Primula pycnoloba* Bureau & Franch.	Primulaceae/报春花科	CR，特有
846	倒卵叶报春	*Primula rugosa* N. P. Balakr.	Primulaceae/报春花科	NT，特有
847	岩生报春	*Primula saxatilis* Kom.	Primulaceae/报春花科	VU
848	藏报春	*Primula sinensis* Sabine ex Lindl.	Primulaceae/报春花科	EN，特有
849	华柔毛报春	*Primula sinomollis* Balf. f. & Forrest	Primulaceae/报春花科	NT，特有
850	乌蒙紫晶报春	*Primula virginis* H. Lév.	Primulaceae/报春花科	NT，特有
851	广南报春	*Primula wangii* F. H. Chen & C. M. Hu	Primulaceae/报春花科	EN，特有
852	康定乌头	*Aconitum tatsienense* Finet & Gagnep.	Ranunculaceae/毛茛科	VU，特有
853	南川升麻	*Cimicifuga nanchuenensis* P. G. Xiao	Ranunculaceae/毛茛科	EN，特有
854	黄连	*Coptis chinensis* Franch.	Ranunculaceae/毛茛科	***
855	峨眉黄连	*Coptis omeiensis*（Chen）C. Y. Cheng	Ranunculaceae/毛茛科	**，EN，特有
856	矮牡丹	*Paeonia jishanensis* T. Hong & W. Z. Zhao	Ranunculaceae/毛茛科	***
857	尖叶唐松草	*Thalictrum acutifolium*（Hand.-Mazz.）B. Boivin	Ranunculaceae/毛茛科	NT，特有
858	亮叶雀梅藤	*Sageretia lucida* Merr.	Rhamnaceae/鼠李科	VU
859	锯叶竹节树	*Carallia diplopetala* Hand.-Mazz.	Rhizophoraceae/红树科	***，EN
860	红茄苳	*Rhizophora mucronata* Lam.	Rhizophoraceae/红树科	VU

续表

序号	中文名	拉丁名	科名	综合等级*
861	苹果	*Malus pumila* Mill.	Rosaceae/蔷薇科	EN
862	变叶海棠	*Malus toringoides*（Rehder）Hughes	Rosaceae/蔷薇科	NT，特有
863	罗城石楠	*Photinia lochengensis* T. T. Yu	Rosaceae/蔷薇科	NT，特有
864	风箱果	*Physocarpus amurensis*（Maxim.）Maxim.	Rosaceae/蔷薇科	VU
865	宽叶蔷薇	*Rosa platyacantha* Schrenk	Rosaceae/蔷薇科	NT
866	穴果木	*Caelospermum truncatum*（Wall.）Baill. ex K. Schum.	Rubiaceae/茜草科	NT，特有
867	四川虎刺	*Damnacanthus officinarum* C. C. Huang	Rubiaceae/茜草科	NT，特有
868	绣球茜	*Dunnia sinensis* Tutcher	Rubiaceae/茜草科	II级，***，LC，特有
869	香果树	*Emmenopterys henryi* Oliv.	Rubiaceae/茜草科	II级，**，NT，特有
870	桂海木	*Guihaiothamnus acaulis* H. S. Lo	Rubiaceae/茜草科	CR，特有
871	抱茎龙船花	*Ixora amplexicaulis* Gillespie	Rubiaceae/茜草科	NT，特有
872	巴戟天	*Morinda officinalis* F. C. How	Rubiaceae/茜草科	***
873	广西玉叶金花	*Mussaenda kwangsiensis* H. L. Li	Rubiaceae/茜草科	NT，特有
874	广东玉叶金花	*Mussaenda kwangtungensis* H. L. Li	Rubiaceae/茜草科	NT，特有
875	异形玉叶金花/黐花	*Mussaenda shikokiana* Makino	Rubiaceae/茜草科	ESP，LC，特有
876	乌檀	*Nauclea officinalis*（Pierre ex Pit.）Merr. & Chun	Rubiaceae/茜草科	VU
877	广东酒饼簕	*Atalantia kwangtungensis* Merr.	Rutaceae/芸香科	NT
878	黎檬	*Citrus limon*（L.）Osbeck	Rutaceae/芸香科	NT
879	海南黄皮	*Clausena hainanensis* C. C. Huang & F. W. Xing	Rutaceae/芸香科	NT，特有
880	黄檗	*Phellodendron amurense* Rupr.	Rutaceae/芸香科	II级，***，VU
881	川黄蘖	*Phellodendron chinense* C. K. Schneid.	Rutaceae/芸香科	II级，LC，特有
882	裸芸香	*Psilopeganum sinense* Hemsl.	Rutaceae/芸香科	EN，特有
883	钻天柳	*Chosenia arbutifolia*（Pall.）A. K. Skvortsov	Salicaceae/杨柳科	II级，***，VU
884	胡杨	*Populus euphratica* Oliv.	Salicaceae/杨柳科	***，LC
885	细子龙	*Amesiodendron chinense*（Merr.）H. H. Hu	Sapindaceae/无患子科	VU
886	田林细子龙	*Amesiodendron tienlinensis* H. S. Lo	Sapindaceae/无患子科	***
887	茶条木	*Delavaya toxocarpa* Franch.	Sapindaceae/无患子科	NT
888	龙眼	*Dimocarpus longan* Lour.	Sapindaceae/无患子科	***
889	伞花木	*Eurycorymbus cavaleriei*（H. Wang Ruijiang Lév.）Rehder & Hand.-Mazz.	Sapindaceae/无患子科	II级，**，LC，特有
890	野生荔枝	*Litchi chinensis* Sonn.	Sapindaceae/无患子科	**
891	绒子番龙眼	*Pometia pinnata* J.R. Forst. & G. Forst.	Sapindaceae/无患子科	***

序号	中文名	拉丁名	科名	综合等级*
892	干果木	*Xerospermum bonii*（Lec.）Radlk.	Sapindaceae/无患子科	***，VU
893	海南紫荆	*Madhuca hainanensis* Chun & F. C. How	Sapotaceae/山榄科	Ⅱ级，***
894	紫荆木	*Madhuca pasquieri*（Dubard）H. J. Lam.	Sapotaceae/山榄科	Ⅱ级，**，ESP，VU
895	龙果	*Pouteria grandifolia*（Wall.）Baehni	Sapotaceae/山榄科	EN
896	白苞裸蒴	*Gymnotheca involucrata* C. Pei	Saururaceae/三白草科	VU，特有
897	黑老虎	*Kadsura coccinea*（Lem.）A. C. Sm.	Schisandraceae/五味子科	VU
898	天目地黄	*Rehmannia chingii* H. L. Li	Scrophulariaceae/玄参科	VU，特有
899	天蓬子	*Atropanthe sinensis*（Hemsl.）Pascher	Solanaceae/茄科	EN，特有
900	银鹊树	*Tapiscia sinensis* Oliv.	Staphyleaceae/省沽油科	***
901	金刚大	*Croomia japonica* Miq.	Stemonaceae/百部科	***，EN
902	细花百部	*Stemona parviflora* C. H. Wright	Stemonaceae/百部科	EN，特有
903	丹霞梧桐	*Firmiana danxiaensis* H. H. Hsue & H. S. Kiu	Sterculiaceae/梧桐科	Ⅱ级，ESP，CR，特有
904	海南梧桐	*Firmiana hainanensis* Kosterm.	Sterculiaceae/梧桐科	Ⅱ级，***，NT，特有
905	广西火桐	*Firmiana kwangsiensis* H. H. Hsue	Sterculiaceae/梧桐科	Ⅱ级，ESP，CR，特有
906	云南梧桐	*Firmiana major*（W. W. Sm.）Hand.-Mazz.	Sterculiaceae/梧桐科	**，EN，特有
907	美丽火桐	*Firmiana pulcherrima* H. H. Hsue	Sterculiaceae/梧桐科	EN，特有
908	长柄银叶树	*Heritiera angustata* Pierre	Sterculiaceae/梧桐科	EN
909	银叶树	*Heritiera littoralis* Aiton	Sterculiaceae/梧桐科	VU
910	蝴蝶树	*Heritiera parvifolia* Merr.	Sterculiaceae/梧桐科	Ⅱ级，***，VU
911	翻白叶树	*Pterospermum heterophyllum* Hance	Sterculiaceae/梧桐科	NT，特有
912	勐仑翅子树	*Pterospermum menglunense* H. H. Hsue	Sterculiaceae/梧桐科	Ⅱ级，EN，特有
913	云南翅子树	*Pterospermum yunnanense* H. H. Hsue	Sterculiaceae/梧桐科	***，EN，特有
914	剑叶梭罗	*Reevesia lancifolia* H. L. Li	Sterculiaceae/梧桐科	CR，特有
915	上思梭罗	*Reevesia shangszeensis* H. H. Hsue	Sterculiaceae/梧桐科	NT，特有
916	绒果梭罗	*Reevesia tomentosa* H. L. Li	Sterculiaceae/梧桐科	NT
917	台湾苹婆	*Sterculia ceramica* R. Br.	Sterculiaceae/梧桐科	CR
918	滇赤杨叶	*Alniphyllum eberhardtii* Guillaumin	Styracaceae/安息香科	EN
919	白辛树	*Pterostyrax psilophyllus* Diels ex Perkins	Styracaceae/安息香科	***，NT，特有
920	木瓜红	*Rehderodendron macrocarpum* H. H. Hu	Styracaceae/安息香科	**，VU
921	肉果秤锤树	*Sinojackia sarcocarpa* L. Q. Lou	Styracaceae/安息香科	CR，特有
922	秤锤树	*Sinojackia xylocarpa* H. H. Hu	Styracaceae/安息香科	Ⅱ级，**，EN，特有

序号	中文名	拉丁名	科名	综合等级*
923	喙果安息香	*Styrax agrestis*（Lour.）G. Don	Styracaceae/安息香科	NT
924	禄春安息香	*Styrax macranthus* Perkins	Styracaceae/安息香科	CR，特有
925	大果安息香	*Styrax macrocarpus* Cheng	Styracaceae/安息香科	EN，特有
926	箭根薯	*Tacca chantrieri* André	Taccaceae/蒟蒻薯科	***，NT
927	水青树	*Tetracentron sinense* Oliv.	Tetracentraceae/水青树科	Ⅱ级，附录Ⅲ，LC
928	四数木	*Tetrameles nudiflora* R. Br.	Tetramelaceae/四数木科	Ⅱ级，**，VU
929	长梗杨桐	*Adinandra elegans* F. C. How & W. C. Ko ex Hung T. Chang	Theaceae/山茶科	CR，特有
930	圆籽荷	*Apterosperma oblata* Hung T. Chang	Theaceae/山茶科	**，VU，特有
931	抱茎短蕊茶	*Camellia amplexifolia* Merr. & Chun	Theaceae/山茶科	EN，特有
932	杜鹃红山茶	*Camellia azalea* C. F. Wei	Theaceae/山茶科	CR，特有
933	金花茶	*Camellia chrysantha*（H. H. Hu）Tuyama	Theaceae/山茶科	*
934	红皮糙果茶	*Camellia crapnelliana* Tutcher	Theaceae/山茶科	**，VU，特有
935	显脉金花茶	*Camellia euphlebia* Merr. ex Sealy	Theaceae/山茶科	**，VU
936	大苞白山茶	*Camellia granthamiana* Sealy	Theaceae/山茶科	**，VU，特有
937	长瓣短柱茶	*Camellia grijsii* Hance	Theaceae/山茶科	**，NT，特有
938	凹脉金花茶	*Camellia impressinervis* Hung T. Chang & S. Ye Liang	Theaceae/山茶科	ESP，CR，特有
939	东兴金花茶	*Camellia indochinensis* Merr. var. *tunghinensis*（Hung T. Chang）T. L. Ming & W. J. Zhang	Theaceae/山茶科	**
940	小花金花茶	*Camellia micrantha* S. Ye Liang & Y. C. Zhong	Theaceae/山茶科	EN，特有
941	平果金花茶	*Camellia pingguoensis* D. Fang	Theaceae/山茶科	**，ESP
942	毛叶茶	*Camellia ptilophylla* Hung T. Chang	Theaceae/山茶科	VU，特有
943	毛瓣金花茶	*Camellia pubipetala* Y. Wan & S. Z. Huang	Theaceae/山茶科	**，EN，特有
944	云南山茶花	*Camellia reticulata* Lindl.	Theaceae/山茶科	**，VU，特有
945	野茶	*Camellia sinensis*（L.）Kuntze	Theaceae/山茶科	**
946	秃小耳枋	*Eurya disticha* Chun	Theaceae/山茶科	EN，特有
947	猪血木	*Euryodendron excelsum* Hung T. Chang	Theaceae/山茶科	**，ESP，CR，特有
948	紫茎	*Stewartia sinensis* Rehder & E. H. Wilson	Theaceae/山茶科	***
949	土沉香	*Aquilaria sinensis*（Lour.）Spreng.	Thymelaeaceae/瑞香科	Ⅱ级，***，附录Ⅱ，VU，特有
950	柄翅果	*Burretiodendron esquirolii*（H. Lév.）Rehder	Tiliaceae/椴树科	Ⅱ级，**，VU
951	蚬木	*Burretiodendron hsienmu* Chun & F. C. How	Tiliaceae/椴树科	Ⅱ级，**
952	三室黄麻	*Corchorus trilocularis* L.	Tiliaceae/椴树科	NT
953	滇桐	*Craigia yunnanensis* W. W. Sm. & W. E. Evans	Tiliaceae/椴树科	Ⅱ级，**，EN

序号	中文名	拉丁名	科名	综合等级*
954	海南椴	*Diplodiscus trichospermus*（Merr.）Y. Tang, M. G. Gilbert & Dorr	Tiliaceae/椴树科	Ⅱ级，VU，特有
955	海南破布叶	*Microcos chungii*（Merr.）Chun	Tiliaceae/椴树科	VU
956	南京椴	*Tilia miqueliana* Maxim.	Tiliaceae/椴树科	VU
957	细果野菱	*Trapa incisa* Sicbold & Zucc.	Trapaceae/菱科	Ⅱ级，DD
958	油朴	*Celtis philippensis* Blanco var. *wightii*（Planch.）Soepadmo	Ulmaceae/榆科	***
959	青檀	*Pteroceltis tatarinowii* Maxim.	Ulmaceae/榆科	***，LC，特有
960	长序榆	*Ulmus elongata* L. K. Fu & C. S. Ding	Ulmaceae/榆科	Ⅱ级，***，ESP，EN，特有
961	榉树	*Zelkova schneideriana* Hand.-Mazz.	Ulmaceae/榆科	Ⅱ级，NT，特有
962	明党参	*Changium smyrnioides* H. Wolff	Umbelliferae/伞形科	***，VU，特有
963	珊瑚菜	*Glehnia littoralis* F. Schmidt ex Miq.	Umbelliferae/伞形科	Ⅱ级，***，CR
964	舌柱麻	*Archiboehmeria atrata*（Gagnep.）C. J. Chen	Urticaceae/荨麻科	***，VU
965	火麻树	*Laportea urentissima* Gagnep.	Urticaceae/荨麻科	***
966	镜面草	*Pilea peperomioides* Diels	Urticaceae/荨麻科	EN，特有
967	云南石梓	*Gmelina arborea* Roxb.	Verbenaceae/马鞭草科	**，VU
968	海南石梓	*Gmelina hainanensis* Oliv.	Verbenaceae/马鞭草科	Ⅱ级，***，LC
969	弯毛臭黄荆	*Premna maclurei* Merr.	Verbenaceae/马鞭草科	VU，特有
970	莺哥木	*Vitex pierreana* Dop	Verbenaceae/马鞭草科	VU
971	从化山姜	*Alpinia conghuaensis* J. P. Liao & T. L. Wu	Zingiberaceae/姜科	VU，特有
972	革叶山姜	*Alpinia coriacea* T. L. Wu & S. J. Chen	Zingiberaceae/姜科	VU，特有
973	无斑山姜	*Alpinia emaculata* S. Q. Tong	Zingiberaceae/姜科	NT，特有
974	狭叶山姜	*Alpinia graminifolia* D. Fang & J. Y. Luo	Zingiberaceae/姜科	NT，特有
975	桂南山姜	*Alpinia guinanensis* D. Fang & X. X. Chen	Zingiberaceae/姜科	NT，特有
976	海南假砂仁	*Amomum chinense* Chun ex T.L. Wu	Zingiberaceae/姜科	VU，特有
977	荽味砂仁	*Amomum coriandriodorum* S. Q. Tong & Y. M. Xia	Zingiberaceae/姜科	NT，特有
978	无毛砂仁	*Amomum glabrum* S. Q. Tong	Zingiberaceae/姜科	NT，特有
979	勐腊砂仁	*Amomum menglaense* S. Q. Tong	Zingiberaceae/姜科	NT，特有
980	蒙自砂仁	*Amomum mengtzense* H. T. Tsai & P. S. Chen	Zingiberaceae/姜科	NT，特有
981	疣果豆蔻	*Amomum muricarpum* Elmer	Zingiberaceae/姜科	NT
982	宽丝豆蔻	*Amomum petaloideum*（S. Q. Tong）T. L. Wu	Zingiberaceae/姜科	LC，特有
983	紫红砂仁	*Amomum purpureorubrum* S. Q. Tong & Y. M. Xia	Zingiberaceae/姜科	NT，特有
984	白斑凹唇姜	*Boesenbergia albomaculata* S. Q. Tong	Zingiberaceae/姜科	VU，特有

序号	中文名	拉丁名	科名	综合等级*
985	心叶凹唇姜	*Boesenbergia longiflora*（Wall.）Kuntze	Zingiberaceae/姜科	NT
986	凹唇姜	*Boesenbergia rotunda*（L.）Mansf.	Zingiberaceae/姜科	NT
987	细莪术	*Curcuma exigua* N. Liu	Zingiberaceae/姜科	EW，特有
988	黄花姜黄	*Curcuma flaviflora* S. Q. Tong	Zingiberaceae/姜科	VU，特有
989	单叶拟豆蔻	*Elettariopsis monophylla*（Gagnep.）Loes.	Zingiberaceae/姜科	VU
990	红茴砂	*Etlingera littoralis*（J. Koenig）Giseke	Zingiberaceae/姜科	EN
991	茴香砂仁	*Etlingera yunnanensis*（T. L. Wu & S. J. Chen）R. M. Sm.	Zingiberaceae/姜科	Ⅱ级，VU，特有
992	澜沧舞花姜	*Globba lancangensis* Y. Y. Qian	Zingiberaceae/姜科	NT，特有
993	矮姜花	*Hedychium brevicaule* D. Fang	Zingiberaceae/姜科	VU，特有
994	少花姜花	*Hedychium pauciflorum* S. Q. Tong	Zingiberaceae/姜科	NT，特有
995	腾冲姜花	*Hedychium tengchongense* Y. B. Luo	Zingiberaceae/姜科	NT，特有
996	盈江姜花	*Hedychium yungjiangense* S. Q. Tong	Zingiberaceae/姜科	NT，特有
997	西藏大豆蔻	*Hornstedtia tibetica* T. L. Wu & S. J. Chen	Zingiberaceae/姜科	VU，特有
998	苦山奈	*Kaempferia marginata* Carey ex Roscoe	Zingiberaceae/姜科	NT
999	喙花姜	*Rhynchanthus beesianus* W. W. Sm.	Zingiberaceae/姜科	EN
1000	绵枣象牙参	*Roscoea scillifolia*（Gagnep.）Cowley	Zingiberaceae/姜科	NT，特有
1001	长果姜	*Siliquamomum tonkinense* Baill.	Zingiberaceae/姜科	Ⅱ级，EN
1002	侧穗姜	*Zingiber ellipticum*（S. Q. Tong & Y. M. Xia）Q. G. Wu & T. L. Wu	Zingiberaceae/姜科	NT，特有
1003	黄斑姜	*Zingiber flavomaculosum* S. Q. Tong	Zingiberaceae/姜科	NT，特有
1004	光果姜	*Zingiber nudicarpum* D. Fang	Zingiberaceae/姜科	NT，特有
1005	圆瓣姜	*Zingiber orbiculatum* S. Q. Tong	Zingiberaceae/姜科	NT，特有
1006	弯管姜	*Zingiber recurvatum* S. Q. Tong & Y. M. Xia	Zingiberaceae/姜科	NT，特有

　　综合等级包含：其中Ⅰ、Ⅱ级为1999年国家林业局、农业部公布的《国家重点保护野生植物名录（第一批）》；、**、***级为1984年国家环境保护委员会公布的《中国珍稀濒危保护植物名录（第一批）》；CITES附录Ⅰ、Ⅱ、Ⅲ是指《濒危野生动植物种国际贸易公约》收录种类；ESP是指属于《全国极小种群野生植物拯救保护工程规划（2011—2015）》的种类；IUCN等级（包括极危CR、濒危EN、易危VU、近危NT、无危LC、数据缺乏DD等）；以及中国特有种。

参考文献

References

[1] 敖惠修，何道泉，张祝平，等.广东石灰岩地区的任豆群落[J].热带地理，1997，17（3）：275-276，278-282.

[2] 毕波，刘云彩，陈强，等.榉树对大气污染物的净化能力研究[J].西部林业科学，2011，40（4）：77-79.

[3] 蔡长顺.野生白辛树生长状况研究[J].林业科技开发，2002，16（增刊）：46-47.

[4] 柴胜丰，蒋运生，韦霄，等.濒危植物合柱金莲木种子萌发特性[J].生态学杂志，2010，29（2）：233-237.

[5] 陈封政，李书华，向清祥.活化石植物桫椤的资源开发及保护[J].时珍国医国药，2007，18（3）：567-568.

[6] 陈建妙.珍稀野生植物乌檀的开发利用[J].中国野生植物资源，2003，22（4）：38-39.

[7] 陈建新，王明怀等.广东树木公园珍稀植物资源现状及保护对策[J].广东林业科技，2006，22（4）：26-30.

[8] 陈焦成.白辛树育苗技术[J].陕西林业科技，1993，3：16.

[9] 陈进成，付小华，何百锁，等.白辛树人工繁育造林与生长研究[J].陕西林业科技，2014，5：77-79.

[10] 陈里娥，余世孝，缪汝槐.广东省国家级珍稀濒危保护植物及其分布[J].热带亚热带植物学报，1997，5（4）：1-7.

[11] 陈如平.南方红豆杉的经济价值及栽培管理技术[J].中国园艺文摘，2014，（4）：172-173.

[12] 陈远征，马祥庆，冯丽贞，等.濒危植物沉水樟的濒危机制研究[J].西北植物学报，2006，26（7）：1401-1406.

[13] 陈杖洲，陈培钧.丰富的古茶树资源是世界茶树原产地的最好证明[J].农业考古，2007，（5）：257-267.

[14] 程冬生，崔同林.珍贵树种红椿的利用价值及培育技术[J].中国林副特产，2010，107（4）：39-40.

[15] 程治英，刘道华.中华桫椤的组织培养[J].植物生理学通讯，1992，28（3）：210-211.

[16] 程治英，陶国达，许再富.桫椤濒危原因的探讨[J].云南植物研究，1990，12（2）：186-190.

[17] 邓恢.任豆混交林营建技术[J].西北林学院学报，2013，28（1）：82-85.

[18] 邓青珊.闽楠的现状与保护.生命世界，2011，11：41.

[19] 狄维忠，郑宏春.国家重点保护植物—白辛树[J].西北大学学报.1989，19（3）：29-33.

[20] 董仕勇.广州市蕨类植物物种多样性研究[J].热带亚热带植物学报，2008，16（1）：39-45.

[21] 杜红红，李杨，李东，等.光照、温度和pH值对小黑桫椤孢子萌发及早期配子体发育的影响[J].生物多样性，2009，17（2）：182–187.

[22] 段凤芝，惠超，汪红卫.青檀营林技术[J].经济林研究，1996，14（3）：77-78.

[23] 范繁荣，潘标志，马祥庆，等.白桂木的种群结构和空间分布格局研究[J].林业科学研究，2008，21（2）：176-181.

[24] 范繁荣.濒危植物白桂木的遗传多样性研究[J].浙江林学院学报，2010，27（2）：266-271.

[25] 范树国，张再君，刘林，等.中国野生稻遗传资源的保护及其在育种中的利用[J].生物多样性，2000，8（2）：198-207.

[26] 冯丽贞，陈远征，马祥庆，等.濒危植物沉水樟的扦插繁殖[J].福建林学院学报，2007，27（4）：333-336.

[27] 冯倩，谢超.伯乐树[J].云南林业，2012，33（5）：62-63.

[28] 冯志坚，李镇魁，李秉滔，等.广东省珍稀濒危植物和国家重点保护野生植物[J].华南农业大学学报（自然科学版），2002，23（3）：24-27.

[29] 俸宇星，陈书坤，赵瑞峰，等.中国冬青属苦丁茶名实辨证[J].植物分类学报，1998，36（4）：353-358.

[30] 洑香香，方升佐，杜艳.青檀种子休眠机理及萌发条件的探讨[J].植物资源与环境学报，2002，11（1）：9-13.

[31] 高立志，张寿洲，周毅，等.中国野生稻的现状调查[J].生物多样性，1996，4（3）：160-166.

[32] 高浦新，李美琼，周赛霞，等.濒危植物长柄双花木（Disanthus cercidifolius var. longipes）的资源分布及濒危现状[J].植物科学学报，2013，31（1）：34-41.

[33] 高兆蔚.珍贵用材树种——福建柏[J].福建林业科技，1994，21（2）：62-66.

[34] 耿玉敏.沉水樟扦插繁殖试验[J].福建林业科技，2006，33（3）：151-154.

[35] 耿云芬.伞花木播种育苗技术[J].林业实用技术，2010，6：30-31.

[36] 顾垒，张奠湘.濒危植物四药门花的自花受粉[J].植物分类学报，2008，46：651-657.

[37] 国家环保局，中国科学院植物研究所.中国稀有濒危保护植物名录：第1册[M].北京：科学出版社，1987.

[38] 国家环保局，中国科学院植物研究所.中国植物红皮书：稀有濒危植物：第1册[M].北京：科学出版社，1992.

[39] 国家林业局，农业部.国家重点保护野生植物名录（第一批）[M].北京：国家林业局办公室，1999.

[40] 国家林业局.全国极小种群野生植物拯救保护工程规划（2011—2015）[M].2011.

[41] 国家林业局野生动植物保护与自然保护区管理司，中国科学院植物研究所.中国珍稀濒危植物图鉴[M].北京：中国林业出版社，2013.

[42] 何克军，李意德.广东省国家I级重点保护野生植物资源现状及保护策略[J].热带亚热带植物学报，2005，13：519-525.

[43] 何小勇，赵思东，柳新红，等.翅荚木的天然分布与引种栽培[J].浙江林业科技，2006，26（5）：61-65.

[44] 洪小江，陈焕强，陈庆，等.甘什岭自然保护区的植被类型[J].热带林业，2008，36（3）：49-52.

[45] 侯嫦英，曾祥谓，方升佐.青檀人工林培育技术研究进展[J].林业科技开发，2010，24（5）：1-3.

[46] 胡刚, 胡光平, 王桂萍, 等. 濒危植物半枫荷 *Semiliquidambar cathayensis* 组织培养快繁技术研究 [J]. 种子, 2012, 31 (12): 116-120.

[47] 胡红泉, 崔同林. 珍贵树种榉树的生物学利用价值及繁育技术 [J]. 安徽农学通报, 2011, 17 (15): 79-80.

[48] 胡文新. 任豆育苗试验简报 [J]. 贵州林业科技, 1983, (3): 31-33.

[49] 黄川腾, 庄雪影, 姜斌, 等. 广东象头山吊皮锥种群及其群落结构研究 [J]. 广东林业科技, 2010, 26 (1): 71-76.

[50] 黄宏文, 张征. 中国植物引种栽培及迁地保护的现状与展望 [J]. 生物多样性, 2012, 20 (5): 559-571.

[51] 黄菊胜. 吊皮锥的育苗技术 [J]. 广东林业科技, 2009, 25 (4): 91-93.

[52] 黄珊珊, 莫小路, 曾庆钱. 药用植物见血封喉的研究进展 [J]. 海峡药学, 2010, 22 (2): 1-3.

[53] 黄仕训. 稀有濒危植物——半枫荷 [J]. 中国野生植物资源. 1994, 1: 22-23.

[54] 黄树军, 荣俊冬, 张龙辉, 等. 福建柏研究综述 [J]. 福建林业科技, 2013, (4): 236-242.

[55] 惠红, 蒋宁, 刘启新. 渐危植物珊瑚菜试管植株的培养 [J]. 植物资源与环境, 1996, 5 (4): 57-58.

[56] 简曙光, 刘念, 高泽正, 等. 广东省野生仙湖苏铁居群的生物学特性研究 [J]. 中山大学学报 (自然科学版), 2005a, 44 (6): 97-100.

[57] 简曙光, 韦强, 高泽正, 等. 广东省曲江县野生仙湖苏铁新种群及其保护. 广西植物, 2005b, 25 (2): 97-101.

[58] 简曙光. 台湾苏铁复合体的分布及其保护. 森林与人类, 2004, 12: 37-38.

[59] 蒋谦才, 何秀云, 修小娟, 等. 中山市野生珍稀濒危植物和国家重点保护野生植物调查. 广东林业科技, 2007, 23 (2): 28-31.

[60] 靳丹娅, 钟萍, 杨德军. 百日青栽培及其幼林生长规律 [J]. 广西林业科学, 2012, 41 (1): 62-64.

[61] 黎国运, 徐佩玲, 陈光群. 濒危植物白桂木种子育苗技术研究 [J]. 热带林业, 2010, 38 (3): 23-25.

[62] 黎国运, 徐佩玲, 陈光群. 濒危植物白桂木组培育苗技术研究 [J]. 热带林业, 2011, 39 (3): 24-29.

[63] 李戈, 段立胜, 杨春勇, 等. 白木香结香技术研究进展 [J]. 安徽农业科学, 2009, 37 (25): 12012-12013.

[64] 李光友, 方升佐, 吕家驹, 等. 立地条件对青檀人工林生物生产力及檀皮产量的影响 [J]. 南京林业大学学报: 自然科学版, 2001, 25 (4): 49-53.

[65] 李宏博, 吕德国, 魏熙婷, 等. 不同处理方法对解除珊瑚菜种子休眠的影响 [J]. 山东农业大学学报 (自然科学版), 2010, 41 (4): 482-484.

[66] 李景原, 王太霞. 水蕨是研究植物遗传学的好材料 [J]. 生物学通报, 1997, 32 (10): 40.

[67] 李晓红, 曾建军, 周兵. 特有濒危植物长柄双花木濒危原因及其保护对策 [J]. 井冈山大学学报 (自然科学版), 2013, 34 (6): 100-106.

[68] 李镇魁, 吴志敏, 冯志坚. 广东省珍稀濒危植物资源的研究 [J]. 农南农业大学学报, 1996, 17 (2): 98-102.

[69] 廖明，朱忠荣，韦小丽，等.珍稀树种伞花木组织培养技术研究[J].种子，2005，24（9）：9-11，18.

[70] 林媚珍.广东珍稀濒危植物的区系特征及其保护[J].生态科学，1996，15（2）：55-61.

[71] 刘戈飞.南方红豆杉种质资源调查及繁殖技术研究[D].西安：西北农林科技大学.2006.

[72] 刘军，陈益泰，罗阳富，等.毛红椿天然林群落结构特征研究[J].林业科学研究，2010，23（1）：93-97.

[73] 刘仁林.长柄双花木.植物杂志，1999，（4）：7.

[74] 刘雄盛，徐刚标，梁文斌，等.濒危植物水松小孢子发生和雄配子体发育的研究[J].植物科学学报，2014，32（1）：58-66.

[75] 刘玉函，刘汉柱，辛华.濒危植物珊瑚菜花粉生活力的测定[J].中国农学通报，2010，26（8）：204-206.

[76] 刘仲健，陈利君，刘可为，等.气候变暖致使墨兰（*Cymbidium sinense*）野外种群趋向灭绝[J].生态学报，2009，29（7）：3433-2455.

[77] 刘仲健，张建勇，茹正忠，等.兰科紫纹兜兰的保育生物学研究[J].生物多样性，2004，12（5）：509-516.

[78] 罗坤水，胡庆，罗忠生，等.沉水樟组织培养技术[J].南方林业科学，2015a，43（2）：12-15.

[79] 罗坤水，叶金山，曹展波，等.沉水樟播种育苗技术[J].南方林业科学，2015b，43（4）：5-6.

[80] 罗仲春.长柄双花木的育苗技术[J].植物杂志，1996，（2）：18-19.

[81] 吕国利，陈珲.古茶树资源应受到保护[J].农业考古，2001，（2）：295-301，327.

[82] 毛玮卿，朱祥福，林宝珠，等.九连山伞花木群落结构特征分析[J].江西林业科技，2009，2：6-10.

[83] 缪绅裕.广东省古田自然保护区植物区系研究[J].生态科学，1993，（2）：27-34，41.

[84] 莫新寿，刘瑞强.桫椤繁殖与移栽技术研究[J].广东林业科技，2004，20（1）：20-23.

[85] 庞汉华，陈成斌.中国野生稻资源[M].桂林：广西科技出版社，2001，3-7.

[86] 彭少麟，陈万成主编.广东珍稀濒危植物[M].北京：科学出版社，2003.

[87] 乔琦，秦新生，邢福武，等.珍稀植物伯乐树一年生更新幼苗的死亡原因和保育策略[J].生态学报，2011，31（16）：4709-4716.

[88] 乔琦，邢福武，陈红锋，等.广东省南昆山伯乐树群落特征及其保护策略[J].西北植物学报，2010，30（2）：0377-0384.

[89] 丘华兴.华南植物区系的评论（二）Ⅱ.值得注意的锦葵科种类Ⅲ.稀有的广东梧桐科植物[J].广西植物，1994，14（4）：303-306.

[90] 饶卫芳.南方红豆杉濒危机制研究[J].现代农业科学，2008，15（7）：11-16.

[91] 任海.科学植物园建设的理论与实践[M].北京：科学出版社，2006.

[92] 茹雷鸣，张燕雯，姜卫兵.榉树在园林绿化中的应用.广东园林，2007，6：50-52.

[93] 茹文明，张金屯，张峰，等.濒危植物南方红豆杉濒危原因分析[J].植物研究，2006，26（5）：624-628.

[94] 宋春凤，刘启新，周义峰，等.珊瑚菜居群遗传多样性的SRAP分析[J].广西植物，2014，34（1）：15-18，129.

[95] 宋维希，李荣福，刘本英，等.云南省普洱市野生茶树地理分布和多样性[J].中国农学通报，2014，30（10）：83-91.

[96] 苏泽群，李意德.广州市主要绿化植物冷害调查分析[J].中国园林，2008，（11）：82-88.

[97] 苏志尧，吴大荣，陈北光.广东山茶科稀有濒危植物的区系特点和保护评价[J].华南农业大学学报，2000，21（2）：34-37.

[98] 孙雪梅，黄玫，刘本英，等.云南野生茶树的地理分布及形态多样性[J].中国农学通报，2012，28（25）：277-288.

[99] 陶翠，李晓笑，王清春，等.中国濒危植物华南五针松的地理分布与气候的关系[J].植物科学学报，2012，30（6）：577-583.

[100] 万才淦.三种珍稀濒危植物种子的发芽方法[J].种子，1991，55（5）：65-67

[101] 王发国，叶华谷，叶育石，等.广东省珍稀濒危植物地理分布研究[J].热带亚热带植物学报，2004，12：21-28.

[102] 王峰，张靖，陈荣伟，等.青檀嫩枝扦插技术研究[J].园艺与种苗，2015，9：18-21.

[103] 王厚麟，缪绅裕，邓敏，等.广东乐昌杨东山—十二渡水保护区广东松群落的特征[J].生态科学，2007，26（2）：115-119.

[104] 王洁.凹叶厚朴繁育系统研究及其濒危的生殖生物学原因分析[D].北京：中国林业科学研究院，2012.

[105] 王金娟，张宪春，刘保东，等.桫椤科三种植物配子体发育的研究[J].热带亚热带植物学报，2007，15（2）：115-120.

[106] 王俊浩，黄忠良.鼎湖山自然保护区的植物种濒危机制及保护对策[J].热带亚热带森林生态系统研究，1998，8：223-227.

[107] 王鸣凤，徐八骏，季根田，等.青檀嫩枝扦插育苗技术[J].林业科技开发，2000，14（3）：49.

[108] 王鹏.丹霞梧桐[J].百科知识，2010，（20）：48-49.

[109] 王玉国，韦发南.苦丁茶与近缘种的果皮微形态特征及其分类学意义[J].植物研究，2001，21（1）：47-52.

[110] 王玉国，韦发南.药用植物苦丁茶与近缘种的微形态研究：叶表皮特征的扫描电镜观察[J].广西植物，2000，20（3）：229-232.

[111] 韦灵灵，陈珍传，董仕勇.广东西部云开山自然保护区蕨类植物多样性调查[J].热带亚热带植物学报，2011，19（4）：303-312.

[112] 韦蓉静，徐浩峰，田华林，等.濒危名贵药材-八角莲栽培技术[J].中国林副特产，2012，（4）：136-137.

[113] 魏琦.红皮糙果茶和毛枝连蕊茶的群落学特征、繁育与抗寒性研究[D].浙江：浙江农林大学，2011.

[114] 魏琦.红皮糙果茶扦插试验[J].中国园艺文摘，2014，（1）：37-38.

[115] 翁月霞，杨婉琴.长瓣短柱茶的系列研究与开发[J].林业科技开发，1997，（6）：40-41.

[116] 翁振翔.濒危药用植物金毛狗的栽培技术研究初探[J].宁德师范学院学报（自然科学版），2012，24（4）：393-396.

[117] 吴昌应，韦许梅，石海明，等.退耕还林尾叶桉模式和任豆模式的植被调查[J].安徽农业科学，2008，36（7）：2765-2767.

[118] 吴持平.海南石梓扦插育苗试验[J].林业科技通讯，1985，（9）：1-2，33.

[119] 吴翠.水蕨濒危机制的生态学研究[D].武汉：武汉大学.2005.

[120] 吴德邻，胡长霄.广东珍稀濒危植物图谱[M].北京：中国环境科学出版社，1988.

[121] 吴开云，翁月霞，费学谦，等.长瓣短柱茶种子油等在2BS细胞培养中的延缓衰老效应[J].林业科学研究，1998，11（4）：355-360.

[122] 吴莉莉，王鸣凤，陈柏林.红椿树的生物学特性及人工栽培试验研究[J].安徽农学通报，2006，12（7）：168-169.

[123] 吴晓清.闽楠的引种及栽培习性研究[J].江西林业科技，2005，5：11-12.

[124] 吴志敏，冯志坚，李镇魁，等.广东省野生木本植物资源[J].华南农业大学学报，1996，17（2）：103-107.

[125] 徐刚标，梁艳，蒋焱，等.伯乐树种群遗传多样性及遗传结构[J].生物多样性，2013，21（6）：723-731.

[126] 徐庆华，郑映妆，古腾清.东莞市大岭山森林公园珍稀濒危植物园建设成效初步分析[J].广东林业科技，2012，28（4）：31-35.

[127] 徐瑞晶，庄雪影，黄辉宁.盐胁迫对水松 *Glyptostrobus pensilis* 幼苗生长的影响研究[J].广东园林，2013，35（6）：59-61.

[128] 徐祥浩，丘华兴，徐颂军.中国梧桐科植物的新种和新变种[J].华南农业大学学报，1987，8（3）：1-5.

[129] 徐艳，石雷，刘燕，等.大叶黑桫椤孢子的无菌培养[J].植物生理学通讯，2004，40（1）：72.

[130] 杨成华，方水平.青檀实生育苗[J].贵州林业科技，1996，24（3）：53-56.

[131] 杨四知.松溪县花榈木资源保护与可持续利用[J].林业勘查设计（福建），2007，2：111-114.

[132] 杨晓丽，邢福武，陈树钢，等.广东省南昆山自然保护区厚叶木莲的群落特征研究[J].热带亚热带植物学报，2013，21（4）：356-364.

[133] 杨学义，朱立，孙超.喜树资源及其开发利用[J].资源开发与市场，2007，23（7）：618-619.

[134] 杨宗武，郑仁华，肖祥希，等.珍稀树种——福建柏[J].林业科技通讯，1998，（7）：19-20.

[135] 叶华谷，邢福武.广东植物名录[M].广州：广东世界图书出版公司，2005.

[136] 叶茂富.海南石梓的引种和繁殖技术[J].浙江农业科学，1983，（3）：159-161.

[137] 叶勤法，戚树源，林立东.土沉香愈伤组织培养及植株再生（简报）[J].热带亚热带植物学报，1998，6（2）：172-176.

[138] 叶清福.海南石梓在闽南山地的引种表现[J].防护林科技，2010，（1）：33-35.

[139] 易观路，许方宏，罗建华，等.优良濒危珍稀植物——见血封喉[J].热带林业，2004，32（1）：20-22.

[140] 尹积华，陈英，冯玉宝，等.长瓣短柱茶播种育苗试验[J].林业实用技术，2008，（12）：44-45.

[141] 由金文，林先明，廖朝林，等．八角莲致濒原因及其野生资源保护[J]．现代中药研究与实践，2007，21（4）：25-27．

[142] 游鸿志，冼穗莹，何海连，等．南方红豆杉资源现状及保护对策[J]．安徽农学通报（上半月刊），2009，15（5）：150-151．

[143] 虞富莲，王平盛．云南野生茶树消亡情况及保护对策[J]．中国茶叶，2010，（12）：4-8．

[144] 虞富莲，许宁，陈树尧．神农架及三峡地区茶树种质资源考察初报（续）[J]．中国茶叶，1990，（6）：24-26．

[145] 袁德义，邹锋，何小勇，等．翅荚木组培快繁技术的研究[J]．中南林业科技大学学报，2010，30（6）：60-63．

[146] 曾沧江．中国冬青科植物志资料[J]．植物研究，1981，1（I-2）：l-44．

[147] 曾丹娟，赵瑞峰，柴胜丰，等．濒危植物合柱金莲木扦插繁殖研究[J]．种子，2010，29（10）：80-82．

[148] 曾庆文，周仁章，刘银至，等．濒危植物厚叶木莲的群落学特征及其保护[J]．热带亚热带植物学报，1999，7（2）：109-119．

[149] 曾宋君．苏铁蕨的观赏及繁殖栽培[J]．中国花卉盆景，1998，8：19．

[150] 翟晓巧，翟翠娟，康伟玲．沉水樟体外植株再生体系的建立[J]．河南林业科技，2004，34（3）：4-5．

[151] 詹森梁，戴爱君，郑文达．青檀育苗造林技术初步研究[J]．浙江林业科技，1994，14（1）：29-31．

[152] 张德辉．喜树资源生态学的研究[D]．哈尔滨：东北林业大学．2001．

[153] 张都海，袁位高，陈承良，等．花榈木人工林生长规律的初步研究[J]．浙江林业科技，2003，23（3）：9-11．

[154] 张欢欢，刘蕊，郭海滨，等．药用野生稻有利基因发掘与利用研究进展[J]．中国农学通报，2009，25（19）：42-45．

[155] 张嘉茗，廖育艺，谢国文，等．国家珍稀濒危植物长柄双花木的种群特征[J]．热带生物学报，2013，4（1）：74-80．

[156] 张金泉．广东省园林绿化珍稀濒危植物保护探讨（二）[J]．广东园林，2009，（3）：54-66．

[157] 张金泉．广东省园林绿化珍稀濒危植物保护探讨（一）[J]．广东园林，2009，（2）：47-50．

[158] 张显强，唐金刚，乙引．中国喜树资源及可持续开发对策[J]．贵州师范大学学报（自然科学版），2004，22（1）：36-39．

[159] 张兴旺，操景景，龚玉霞，等．珍稀植物青檀种子休眠与萌发的研究[J]．生物学杂志，2007，24（1）：28-31．

[160] 张燕，黎斌，李思锋，等．八角莲的濒危成因剖析[J]．中国野生植物资源，2012，31（1）：62-64．

[161] 张燕，李思锋，黎斌，等．八角莲的引种栽培与应用开发前景[J]．陕西农业科学，2013，59（2）：136-137．

[162] 张祖荣，张绍彬. 2010. 重庆市珍稀药用植物金毛狗的濒危原因调查与分析[J]. 时珍国医国药，21（11）：2976-2978.

[163] 赵厚涛，宋培根，韩国营，等. 国家II级保护植物半枫荷的最新研究进展[J]. 北方园艺，2010，21：210-212.

[164] 郑洁，胡美君，郭延平. 光质对植物光合作用的调控及其机理[J]. 应用生态学报，2008，19（7）：1619-1624.

[165] 中国植物保护战略编辑委员会. 中国植物保护战略[M]. 广州：广东科技出版社，2008.

[166] 中国植物志编撰委员会. 中国植物志[M]. 北京：中国科学出版社，1955—2015，1-126册.

[167] 钟萍，赵敏. 优良绿化树种百日青的栽培技术[J]. 四川林业科技，34（2）：106-108.

[168] 钟义，杨小波，符气浩，等. 海南岛铜鼓岭自然保护区的植被与植物资源[J]. 海南大学学报（自然科学版），1991，9（1）：1-10.

[169] 钟智波，罗世孝，李爱民，等. 绣球茜的二型花柱及其传粉生物学初步研究[J]. 热带亚热带植物学报，2009，17（3）：267-274.

[170] 周红菊，谷立辉. 丹霞梧桐首次人工孕育成功[N]. 南方日报，2010，2010-03-16A10.

[171] 周劲松，孙磊，邢福武. 香港野生观赏植物资源观赏特性及应用探讨[J]. 中国园林，2006，（1）：89-93.

[172] 周梅，张祖荣. 重庆市两种观赏与药用黑桫椤的濒危原因调查与分析[J]. 科技信息，2011，（11）：442-444.

[173] 周新闻. 珍稀濒危植物八角莲的保护生物学研究[D]. 浙江：浙江大学. 2002.

[174] 周佑勋，段小平. 华南五针松种子休眠生理的研究[J]. 中南林学院学报，1993，13（2）：122-127.

[175] 朱鹏锦，杨伟林，谭奕为，等. 珍稀濒危药用植物石斛研究进展及保护策略[J]. 农业研究与应用，2013，147（4）：51-55.

[176] Feng SX, Hao J, Xu ZF, et al. Polyprenylated isoflavanone and isoflavonoids from *Ormosia henryi* and their cytotoxicity and anti-oxidation activity[J]. Fitoterapia, 2012, 83: 161-165.

[177] Gong W, Gu L, Zhang DX. Low genetic diversity and high genetic divergence caused by inbreeding and geographical isolation in the populations of endangered species *Loropetalum subcordatum* (Hamamelidaceae) endemic to China[J]. Conservation Genetics, 2010, 11: 2281-2288.

[178] Gong W, Zeng Z, Chen YY, et al. Glacial refugia of *Ginkgo biloba* and human impact on its genetic diversity: evidence from chloroplast DNA[J]. Journal of Integrative Plant Biology, 2008, 50 (3): 368-374.

[179] Hu ZY, Li L, Deng JF, et al. Genetic diversity and differentiation among populations of *Bretschneidera sinensis* (Bretschneideraceae), a narrowly distributed and endemic species in China, detected by intersimple sequence repeat (ISSR) [J]. Biochemical Systematics and Ecology, 2014, 56: 104-110.

[180] Jian SG, Zhong Y, Liu N, et al. Genetic variation in the endangered endemic species *Cycas fairylakea* in China and implications for conservation[J]. Biodiversity and Conservation, 2006, 15: 1681-1694.

[181] Li FG, Xia NH. The geographical distribution and cause of threat to *Glyptostrobus pensilis* (Taxodiaceae) [J]. Journal of Tropical and Subtropical Botany, 2004, 12 (1): 13-20.

[182] Qiao Q, Chen HF, Xin FW, et al. Pollination ecology of *Bretschneidera sinensis* (Hemsley), a rare and endangered tree in China[J]. Pakistan Journal of Botany, 2012, 44 (6): 1897-1903.

[183] Ren H, Jian SG, Chen YJ, et al. Distribution, status, and conservation of *Camellia changii* Ye (Theaceae), a critically endangered, endemic plant in southern China[J]. Oryx, 2014, 48 (3): 358-360.

[184] Ren H, Liu H, Wang J, et al. The use of grafted seedlings increases the success of conservation translocations of *Manglietia longipedunculata* (Magnoliaceae), a Critically Endangered tree[J]. Oryx, 2016, 50(3), 437–445.

[185] Ren H, Ma GH, Zhang QM, et al. Moss is a key nurse plant for reintroduction of the endangered herb, *Primulina tabacum* Hance[J]. Plant Ecology, 2010, 209: 313-320.

[186] Ren H, Zeng SJ, Li LN, et al. Community ecology and reintroduction of *Tigridiopalma magnifica*, a rare and endangered herb[J]. Oryx, 2012b, 46 (3): 391-398.

[187] Ren H, Zhang QM, Lu HF, et al. Wild plant species with extremely small populations require conservation and reintroduction in China[J]. Ambio, 2012a, 41: 913-917.

[188] Song ZQ, Xu DX. *Foonchewia coriacea*, a new combianation to replace *F. guangdongensis* (Rubiaceae) [J]. Nordic Journal of Botany, 2016, doi: 10.1111/njb.01161.

[189] Wang WF, Wei XH, Liao WM, et al. Evaluation of the effects of forest management strategies on carbon sequestration in evergreen broad-leaved (*Phoebe bournei*) plantation forests using FORECAST ecosystem model[J]. Forest Ecology and Management, 2013, 300: 21-32.

[190] Wen HZ, Wang RJ. *Foonchewia guangdongensis* gen. et sp. nov. (Rubioideae: Rubiaceae) and its systematic position inferred from chloroplast sequences and morphology[J]. Journal of Systematics and Evolution, 2012, 50 (5): 467-476.

[191] Wen HZ, Wang RJ. *Ligustrum guandongense* R. J. Wang & H. Z. Wen[J], Novon. 2011, 22: 114-117.

[192] Zhang QM, Luo XY, Chen ZX. Conservation and reintroduction of *Firmiana danxiaensis*, a rare tree species endemic to southern China[J]. Oryx. 2014, 48 (4): 485.

中文名索引

Index in Chinese

拉丁名索引

Index in Latin

P后记
Postscript

　　为了进一步加强广东省野生植物的保护与研究，同时向社会宣传珍稀濒危植物的保护工作，广东省林业厅野生动植物保护处、广东省自然保护区管理办公室、广东省环保厅生态处和中国科学院华南植物园共同组织编写了本书。

　　此前，我们出版了《广东珍稀濒危植物》一书（2003年，科学出版社）收录了广东境内的国家级保护植物64种。本书共编入广东省珍稀濒危植物103种，其中第一部分90种，包含了1999年《国家重点保护野生植物名录（第一批）》公布的第Ⅰ、Ⅱ级、1984年公布的《中国珍稀濒危保护植物名录（第一批）》*、**、***级、CITES附录Ⅰ、Ⅱ、Ⅲ收录的种类以及《全国极小种群野生植物拯救保护工程规划（2011—2015）》中在广东省分布的所有种类，但少数因分类学研究存在争议或野外一直未发现的种，如异形玉叶金花等未收录。第二部分13种，收录了近年在广东省内发现的一些值得加强保护的珍稀濒危植物。在各部分再按门、科、属、种学名的字母顺序排列。书末附有中文名、拉丁名索引。

　　与我们此前出版的《广东珍稀濒危植物》和《珍奇植物》等书相比，本书介绍了最新研究成果和保护实践，特别是关于分布地点、保护措施和相关研究进展的内容。但限于篇幅，仅挑选主要参考文献在书末列出，并在书中应用之处注明。

　　本书的编撰得到了广东省野生动植物保护管理及湿地保护专项资金、广东省野生动植物保护管理项目、广东省第二次全国重点保护野生动植物资源调查专项、广东南岭国家级自然保护区重点保护和珍稀濒危植物资源调查研究等项目的资助。

　　本书的主要作者如下：第一部分为任海、张倩媚、梁晓东、黄少锋，第二部分为王发国、王瑞江、付琳、任海、张奕奇、张倩媚、陈红锋、林侨生、罗世孝、曾宋君、简曙光等负责撰写各种。第三部分由张奕奇、张征等提供数据，湛青青、张倩媚等协助修订。张倩媚负责全书目录、索引和参考文献。本书是集体创作的成果，所有编委都提供了照片、参加研讨及文稿修改，各部分的摄影及文字内容文责自负。此外，王龙远、左政裕、叶华谷、叶育石、邢福武、刘世忠、刘艳、刘振宇、许为斌、负建全、李世晋、李炯、李琳、杨科明、邹滨、张代贵、张建霞、张荣京、陈再雄、陈林、陈雨晴、罗晓莹、周联选、钟文超、莫罗坚、徐翊、龚维、董仕勇、童毅、曾庆文、翟俊文、易祖飞、肖荣高等同志以及中山市国有森林资源保护中心提供了部分照片，对他们的支持表示感谢。

　　本书在编写过程中得到很多领导和专家的支持，在此对他们表示衷心的感谢。同时，由于编者水平有限，疏漏及错误之处肯定存在，请批评指正，以便再版时更正。

编者

2016年9月6日